赵省伟 主编

| 第 三 辑 |

找寻遗失在日本的中国史

东洋镜

中国建筑（下）

【日】关野贞 伊东忠太 塚本靖 著
疏蒲剑 译

中国工人出版社

第七章 城堡

第一节 城门与城墙

北京密云县古北口附近的长城

图 385 北京密云县古北口附近的长城。大连市亚东印画协会拍摄。

图 386 北京昌平县八达岭长城。关野贞博士拍摄。

北京昌平县八达岭长城

万里长城位于中国北方，西起甘肃嘉峪关，一路翻山越岭，东至山海关。长城原为春秋战国时代汉族为抵御北方少数民族所建，秦始皇统一天下后，派将军蒙恬攻打匈奴，将本已存在的长城连接起来。当时的长城西起临洮，东至辽东郡，规模庞大。之后，经过六朝和隋唐的修葺，特别是到了明朝，北方战事频仍，长城得到了增修，形成了今日的风貌。图 385 为古北口附近的长城，图 386 为八达岭长城的远景。坚固的砖砌城墙外壁又修筑了女墙，四处密布敌台，但见长城沿着险峻的山峰棱线蜿蜒而去，场面之壮观，令往日的胡人心惊胆战。（关野贞）

北京永定门

永定门为北京外城南门，城墙上建有两层敌楼，楼前有方形的瓮城，敌楼正面城墙上辟有大量长方形的窗戶，敌楼下方有穹隆形的城门。（伊东忠太）

图 387 北京永定门。原照片藏于东京帝室博物馆[①]。

① 今东京国立博物馆。——译者注

图 388 北京正阳门西侧外城墙。原照片藏于东京帝室博物馆。

北京正阳门西侧外城墙

宏大的城墙、环绕城池的护城河和矗立在远方的城门，确实无比壮观。雉堞是主墙上呈直角凸起的支墙，它整齐地排列着，显得雄姿勃发。城墙上的城垛，无一不合乎筑城的规范。（伊东忠太）

北京紫禁城角楼

紫禁城城墙的四角处建有楼阁，样式极为奇特。图 389 为东北角的楼阁。平面为正方形，四面各有凸起部位。这一造型本来是为了追求建筑的稳定性，却在不经意间形成了奇异机巧的风貌。（伊东忠太）

图 389 北京紫禁城角楼。
原照片藏于东京帝室博物馆。

山西大同城北门和西门

明朝洪武五年（1372 年），大将军徐达增修大同城，修建了门楼，这就是现存的城门。东侧为和阳门，南侧为永泰门，西侧为清远门，北侧为武定门。城墙高耸，坚固无比，城门处皆有瓮城，上面建三层城楼，面阔七间，进深四间。城楼前方有面阔五间、进深二间的突出部分，第一层的屋檐完全开放，各层使用紧密排布的大斗，屋檐角落处使用扇形椽，第三层内部为彻上明造，用结实稳固的凹形构件支撑三层月梁。城楼尺寸巨大，结构宏伟，但可惜近年来屋顶破败，状态非常危险。本书收录了北门和西门的照片，西门保存了原有的外形，而北门的荒废程度非常严重。（关野贞）

图 390 山西大同城北门。关野贞博士拍摄。

图 391 山西大同城西门。关野贞博士拍摄。

奉天城西南角楼

城墙的墙角处建有方形的角台，上面搭建三层敌楼，这也是一种筑城方法。如今建筑相当破败，不过砖结构依然非常坚牢，岿然不动。（伊东忠太）

图 392 奉天城西南角楼。伊东忠太博士拍摄。

图 393 奉天城小西门。伊东忠太博士拍摄。

奉天城小西门

小西门位于奉天外城西面，门上耸立三层敌楼。坚固的门扉平时吊起来，必要时则放下，封锁城门。（伊东忠太）

图 394 奉天开原县城东门。伊东忠太博士拍摄。

奉天开原县城东门

图 394 为开原县城东门的月城。月城是指城门前突出的小型城郭，一般侧面开门。进入月城后，需要绕道才能通过主城门，这样设计是为了便于防御。（伊东忠太）

奉天辽阳县城西门

图 395 展示了月城与主城墙的关系。左侧呈曲线状延伸的部分为月城，侧门临街。右侧为主城墙，可以看到屹立在城墙之上的巍峨的城楼。（伊东忠太）[①]

① 原文没有标注作者，根据前后文推测可能是伊东忠太。——译者注

图 395 奉天辽阳县城西门。伊东忠太博士拍摄。

第二节 钟鼓楼

图 396 北京钟楼。伊东忠太博士拍摄。

北京钟楼

重要的城池內通常都会建造钟鼓楼。钟鼓楼上悬挂钟鼓，通报城门开闭的时间，或者在危急时刻发出警报。其中，北京钟楼的规模尤其庞大，造型特别。二层钟楼立于坚固的基座上，基座內部有垂直交叉的半圆形拱道。（伊东忠太）

图 397 北京鼓楼。伊东忠太博士拍摄。

北京鼓楼

和钟楼相同，两层结构的鼓楼如同大山一般，屹立在坚固的基座上。三条半圆形拱道纵贯基座。钟楼和鼓楼都没有拘泥于琐碎的建筑技巧，而是采用简洁稳健的手法，使得这些巨型建筑显得更加雄伟。（伊东忠太）

奉天钟楼

钟鼓楼多建于主干道的十字路口，奉天的钟楼完全符合这一惯例。钟楼的下半部分是一座砖砌的高台，内部贯通十字形拱道，上方建有两层楼阁。（伊东忠太）

图 398 奉天钟楼。伊东忠太博士拍摄。

奉天鼓楼

奉天鼓楼与钟楼的形制完全一样。图 398 展示了钟楼的正面，图 399 则展示了鼓楼的侧面。这两座楼具备此类建筑的常见特征，是很好的范例。（*伊东忠太*）

图 399 奉天鼓楼。伊东忠太博士拍摄。

第八章 宫殿楼阁

图 400 北京皇城天安门。原照片藏于东京帝室博物馆。

第一节 北京

北京皇城天安门

天安门为皇城正门，城门五阙，上建九楹重檐高楼。门前有小河，河上横亘着七座汉白玉石桥，名为外金水桥。门前石狮左右相对，桥前华表左右相对。（伊东忠太）

图 401 北京紫禁城神武门。原照片藏于东京帝室博物馆。

北京紫禁城神武门

神武门为紫禁城北门，门有三阙，城墙上建有五楹重檐高楼。可能因为此门是后门，三阙都不用拱，而用楣。（伊东忠太）

北京紫禁城午门

午门建于清朝顺治四年（1647 年），为紫禁城正门。城墙为凹字形，中央开三阙，左右两翼內侧各开一阙。城墙上方中央位置屹立着九楹重檐高楼，左右有走廊，走廊尽头有重檐楼阁，楼前仍有走廊，走廊尽头又有楼道，并称五凤楼。午门占地面积共计约五千平方米。

午门正面东边有嘉量，西边有日晷，城墙和楼阁柱子全部涂红色，柱子往上五彩缤纷，屋顶覆盖深黄色琉璃瓦，石栏用纯白色的汉白玉建造。（伊东忠太）

右图 >
图 402 北京紫禁城午门。原照片藏于东京帝室博物馆。

北京紫禁城太和门

太和门建于清朝光绪十三年（1887 年），前面有一条弯弯的小河，上面有五座白石桥，名为內金水桥。城门中央位置的正面，高大的白石基座上有一座重檐楼阁，这就是太和门。太和门东侧为昭德门，西侧为贞度门。太和门左右各有楼阁，楼阁南侧有东西廊屋。廊屋中央又开有东门和西门。东门称协和门，西门称熙和门。太和门前有宽阔的庭院，地面全部铺砖。（伊东忠太）

图 403 北京紫禁城太和门。
原照片藏于东京帝室博物馆。

北京紫禁城太和殿

太和殿建于清朝康熙三十六年（1697 年），屹立在三层白石基座上。加上基座高度在内，通高三十尺（10 米），四周环绕白石栏杆。太和殿左右有红墙，红墙尽头西侧为中右门，东侧为中左门。门的左右又有走廊伸向南边，西至右翼门，东至左翼门。太和殿广场西南位置有弘义阁，东南位置有体仁阁，均为重檐庑殿顶高楼。两座楼阁的南边又有走廊，延伸至太和门左右的楼阁。太和殿是举办国家最大规模仪式时天子驾临之处，面阔十一间，一百九十九尺四寸（66.47 米），进深五间，一百一十尺七寸（36.89 米），面积约为两千平方米，为中国现存最大的建筑。三层基座之间置有十八座宝鼎，基座上立有日晷、嘉量和鹤龟各一对，殿前有金瓶二对，象征天子的威仪。（伊东忠太）

图 404 北京紫禁城太和殿。
原照片藏于东京帝室博物馆。

建極綏猷
天心佑夫一德永言保之遹
帝命式于九圍茲惟艱哉奈

北京紫禁城太和殿宝座

宝座位于太和殿正中央，前后长三十一尺（10.33米），左右宽二十九尺（9.67米）。前面有三条台阶，中央台阶宽六尺三寸（2.10米），深六尺六寸五分（2.22米），左右台阶宽三尺二寸五分（1.08米），深五尺九寸（1.97米）。后方台阶宽六尺三寸（2.10米），深六尺七寸（2.23米），左右两侧台阶宽五尺五分（1.68米），深六尺（2米）。台阶共六条，各七级。宝座四周有勾栏，前方台阶之间设香炉，宝座前方左右各有两座香炉。

宝座后端至前方五尺四寸（1.80米）设有屏风，长十七尺二寸（5.73米），深二尺（0.67米），厚一尺三寸（0.43米）。屏风前另有基座，基座正面边长十尺五寸（3.50米），侧边长八尺（2.67米），基座上有座椅。座椅面宽五尺一寸（1.70米），进深三尺二寸五分（1.08米）。座椅前有足台，足台面宽二尺三寸五分（0.78米），进深一尺四寸（0.47米），全部为木制涂金。宝座四周的栏杆和屏风等，都装饰有复杂的雕刻，香炉镂刻七宝图案，颇为壮丽。（伊东忠太）

图405 北京紫禁城太和殿宝座。原照片藏于东京帝室博物馆。

北京紫禁城太和殿内部斗拱及藻井

太和殿的藻井位于中央部位，上面装饰复杂的斗拱纹路，方格间描绘蟠龙。藻井内部采用切角手法将八边形和正方形格椽互相交错，中心位置悬挂宝珠。其他部位同样是在方格中描绘蟠龙，颜色浓厚，五彩缤纷。（伊东忠太）

右图 >
图 406 北京紫禁城太和殿内部斗拱及藻井。原照片藏于东京帝室博物馆。

图 407 北京紫禁城中和殿。原照片藏于东京帝室博物馆。

北京紫禁城中和殿

中和殿建于明朝天启七年（1627 年），平面四方形，各边五楹。屋顶形式被称为渗金圆顶，四面攒尖，顶端托举鎏金圆球。中和殿相当于天子的便殿，皇帝到太和殿参加大型庆典前，会在这里接见高官，或者准备皇室仪式时在这里检查相关文件和器具等。（伊东忠太）

图 408 北京紫禁城保和殿。
原照片藏于东京帝室博物馆。

北京紫禁城保和殿

保和殿建于明朝天启七年（1627 年），每年除夕，皇帝在此设宴招待外藩。正面九楹，重檐歇山顶。太和殿为庑殿顶，但保和殿采用歇山顶，其目的并非寻求变化，而是体现保和殿的地位不如太和殿高。（伊东忠太）

北京紫禁城保和殿后方下层中央位置台阶

台阶中央铺有一块长五十五尺五分（18.50 米）、宽十尺一寸五分（3.38 米）的汉白玉石，表面有云龙浮雕，应该是世界上最大的汉白玉石材。云龙共有九条，九是最大的个位数，象征天子的威严高于一切。（伊东忠太）

右图 >
图 409 北京紫禁城保和殿后方下层中央位置台阶。原照片藏于东京帝室博物馆。

北京紫禁城乾清宫正面

乾清宫（现有建筑）建于清朝嘉庆三年（1798 年），是皇帝听政、接见百官和外藩属国使臣的地方。面阔九楹，进深五楹，重檐庑殿顶，前方有白石甬道。乾清宫与太和殿形制基本相同，但面积比后者要小，且气势上不如后者庄严。（伊东忠太）

图 410 北京紫禁城乾清宫正面。原照片藏于东京帝室博物馆。

图 411 北京紫禁城乾清宫正面局部。原照片藏于东京帝室博物馆。

北京紫禁城乾清宫正面局部

从柱基到屋顶的装饰手法，以及建筑的平衡性，都非常值得一看。乾清宫采用了同类殿宇常见的手法，通过它可以了解轴部装饰的常规式样。（伊东忠太）

图 412 北京紫禁城乾清宫背面局部。原照片藏于东京帝室博物馆。

北京紫禁城乾清宫背面局部

背面的形制和手法与正面相同，图 412 突出了上层屋顶的建筑工艺。（伊东忠太）

北京紫禁城乾清宫宝座

宝座平面边长十八尺（6 米），正面有三条台阶，中央台阶宽四尺（1.33 米），深四尺（1.33 米），左右台阶宽二尺五寸（0.83 米），深三尺五寸（1.17 米）。宝座左右两侧各有一条台阶，宽二尺五寸（0.83 米），深三尺五寸（1.17 米）。共有五条台阶，均为三级。

宝座后端至前方一尺七寸（0.57 米）处，立有屏风，宽十三尺一寸五分（4.38 米），深一尺二寸八分（0.43 米），厚一尺四寸五分（0.48 米）。屏风前的座椅宽四尺三寸五分（1.45 米），深三尺（1 米）。足台宽二尺三寸（0.77 米），深一尺二寸五分（0.42 米）。（伊东忠太）

图 413 北京紫禁城乾清宫宝座。原照片藏于东京帝室博物馆。

北京紫禁城乾清宫门扉

一般来说，所有宫殿都是一阙四扇门扉，不过虽然号称金扉，实际都是涂成红色的板门。下部的板壁上刻有花纹，上部则有透雕花纹，门框使用双八形看叶。宫殿门扉的形制大体相似。（伊东忠太）

图 414 北京紫禁城乾清宫门扉。原照片藏于东京帝室博物馆。

北京紫禁城乾清宫的柜子

柜子上的雕刻高度密集，木框间的板壁上只要有空的地方，全部填满了云龙纹路，能做到如此繁杂，也并非易事。（伊东忠太）

图 415 北京紫禁城乾清宫的柜子。原照片藏于东京帝室博物馆。

北京紫禁城交泰殿宝座

宝座平面边长十六尺五寸（5.50 米），后方放置座椅。座椅正面长四尺三寸（1.43 米），进深三尺四寸（1.13 米）。宝座上左右各放有两个香炉。交泰殿为清朝嘉庆二年（1797 年）重建，宝座左侧有铜壶滴漏，右侧有自鸣钟，收藏二十方御用宝玺[①]。（伊东忠太）

① 交泰殿今收藏二十五方御用宝玺。——译者注

图 416 北京紫禁城交泰殿宝座。原照片藏于东京帝室博物馆。

图 417 北京紫禁城交泰殿宝座上方藻井。原照片藏于东京帝室博物馆。

北京紫禁城交泰殿宝座上方藻井

交泰殿位于乾清宫后方。采用渗金圆顶形式，殿內装饰与太和殿以下的各殿相似，也使用龙凤纹路。藻井中央的制作手法和太和殿的藻井有异曲同工之妙。（伊东忠太）

北京紫禁城坤宁宫正面

坤宁宫面阔九楹，重檐庑殿顶，外部形制与乾清宫完全相同。坤宁宫为皇后的寝宫，内部设施与乾清宫大为不同，据说保留了很多满族人本来的风俗。（伊东忠太）

图 418 北京紫禁城坤宁宫正面。原照片藏于东京帝室博物馆。

北京紫禁城钦安殿内部

钦安殿位于坤宁宫后方，神武门内部。钦安殿的结构与其他宫殿略有不同，月梁斜向架设，上方支撑方椽。装饰手法别具特色。（伊东忠太）

图 419 北京紫禁城钦安殿内部。原照片藏于东京帝室博物馆。

图 420 北京紫禁城养心殿宝座上方藻井。原照片藏于东京帝室博物馆。

北京紫禁城养心殿宝座上方藻井

养心殿为皇帝常住的居室，位于乾清宫西南方向。养心殿内部到处都有五彩缤纷的装饰，藻井描绘双龙图案，中央悬挂球体，与皇宫各殿相同。（伊东忠太）

北京紫禁城养心殿内部

养心殿里有皇帝日常生活所用的家具。桌椅什器一应俱全，座椅两侧有书架，横坡窗嵌有竹子图案，正面门框上方墙壁画有松树，侧面门框上方墙壁画有仙鹤。天窗下方嵌有浓艳的花鸟透雕。（伊东忠太）

图 421 北京紫禁城养心殿内部。原照片藏于东京帝室博物馆。

北京紫禁城养心殿睡房

睡房在养心殿一角，设有寝床，悬挂床帐。床帐有纱绫形[1]纹路，上方帐额点缀“寿”字纹。周围家具装饰等一如惯例，并无异常之处。（伊东忠太）

右图 >
图 422 北京紫禁城养心殿睡房。原照片藏于东京帝室博物馆。

① 指由“卍”字倾斜变形而成的四方连续图案，常见于寺院的栏杆花纹以及服装织物上，寓意好运延绵、万寿无疆。——译者注

图 423 北京紫禁城养心殿北侧正面拜殿。原照片藏于东京帝室博物馆。

北京紫禁城养心殿北侧正面拜殿

养心殿的拜殿没有采用日本所谓的“缒破风”[①]，而是采用独立的廊宇，冠以双面坡顶，这是中国建筑的常见手法。按通行做法，廊宇屋顶不设大梁，故而缺少正吻。（伊东忠太）

---

① 一种单坡屋顶上的博风板样式，博风板紧靠屋檐。——译者注

北京紫禁城养生斋局部

养生斋作为兼具住宅性质的双层建筑，是一个很好的范例。总体上给人一种轻松活泼的感觉，窗戸的设计也非常灵动。上下两层间装有带雕纹的横带，虽然是常见手法，但工艺简洁，颇得要领。（伊东忠太）

图 424 北京紫禁城养生斋局部。原照片藏于东京帝室博物馆。

图 425 北京紫禁城翊坤宫内部。原照片藏于东京帝室博物馆。

北京紫禁城翊坤宫内部

翊坤宫位于养心殿后方，曾是皇室成员的居所。使用屏风划分区块，屏风上有非常复杂的雕刻。天窗用书画装饰，墙上悬挂匾额，灯笼垂下璎珞。宝座饰以精巧的雕刻，后方立有曲屏。（伊东忠太）

北京紫禁城皇极殿

皇极殿位于宁寿宫内，曾为慈禧太后的宫室。殿前有日晷和嘉量作为仪饰。皇极殿面阔九楹，重檐庑殿顶。其装饰手法和万寿山离宫的殿门基本相同。（伊东忠太）

图 426 北京紫禁城皇极殿。原照片藏于东京帝室博物馆。

北京紫禁城宁寿宫正面

宁寿宫位于皇极殿后方，外柱为方形，天窗嵌有雕刻，这些手法有些不符合常规，颇有奇趣。歇山式屋顶的形制也很有特点。（伊东忠太）

图 427 北京紫禁城宁寿宫正面。原照片藏于东京帝室博物馆。

图 428 北京紫禁城景阳宫藻井。原照片藏于东京帝室博物馆。

北京紫禁城景阳宫藻井

景阳宫位于东二长街，它的藻井与别处完全不同。藻井內有云鹤，大梁装饰一种几何纹路。景阳宫的设计思路和宁寿宫相似，不循常规，颇为洒脱。（伊东忠太）

北京紫禁城文渊阁正面

文渊阁位于外朝[①]东面，收藏了有名的《四库全书》，共三万六千册。两层结构[②]，上下各层均面阔六楹，屋顶覆盖绿瓦，手法简练优雅，上层屋顶坡度平缓，略显异样。（伊东忠太）

① 国君听政的地方，与内廷、禁中相对而言。——译者注
② 文渊阁外观上两层，实际为三层。——译者注

图 429 北京紫禁城文渊阁正面。原照片藏于东京帝室博物馆。

北京紫禁城紫光阁正面

紫光阁位于太液池中海的西岸，原为明朝时期建造的平台，清朝后改建为楼阁。紫光阁前院曾举办过骑射检阅和进士测试，乾隆二十六年（1761年）之后，开始在这里设宴款待外藩。（伊东忠太）

图 430 北京紫禁城紫光阁正面。原照片藏于东京帝室博物馆。

北京皇城西苑小西天佛殿

小西天位于西苑北海北边，万佛楼东北面。佛殿为双层砖结构，外面全部覆盖琉璃瓦。如此规模庞大的建筑，整体覆盖琉璃瓦，堪称孤例。由于小西天佛殿是砖结构，所以斗拱突出较少，屋檐翘起也不明显，但并不影响其美观，这点颇为耐人寻味。殿前八角小亭子为木结构，其形制和手法与佛殿形成鲜明对照，非常有趣。（伊东忠太）

图 431 北京皇城西苑小西天佛殿。原照片藏于东京帝室博物馆。

北京皇城西苑南海瀛台内翔鸾阁

广义上的瀛台是指太液池南海中的一座岛屿。图 432 为岛上的第一座楼阁，形制和风格略显轻松活泼，富有雅趣。这里有别于皇宫，各个建筑皆采用了不同的设计风格。沿着图中左侧的阁廊拾级而上，可以来到更高处的楼阁，有移步换景之妙，与瀛台的风景浑然一体，无可挑剔。（伊东忠太）

图 432 北京皇城西苑南海瀛台内翔鸾阁。原照片藏于东京帝室博物馆。

图 433 北京皇城西苑南海瀛台内春明楼。原照片藏于东京帝室博物馆。

北京皇城西苑南海瀛台内春明楼

春明楼位于瀛台的东南处，也是一座非常漂亮的小型建筑。春明楼的设计和上文的翔鸾阁相似，作为庭园建筑，在建筑界具有重要的意义。（伊东忠太）

北京万寿山文昌阁

文昌阁中祭祀有文昌帝君，位于万寿山离宫，是一座二层楼阁，立于砖砌高台之上。左右墙角建有单层楼阁，外观充满活力，与仅有一条孔道的下方基座形成了鲜明的对照。（关野贞）

图 434 北京万寿山文昌阁。关野贞博士拍摄。

北京万寿山排云殿及佛香阁

北京城西北方向四里处，昆明湖北面的小丘边，建有无数殿阁，此处便是万寿山离宫。光绪年间（1875—1908 年），清王朝倾其国库建造万寿山离宫，用以庆祝慈禧太后六十岁诞辰，规模巨大，美轮美奂。

图 435 为众多建筑中的一部分，近处宫殿为排云殿，耸立在远方的高楼为佛香阁。佛香阁是万寿山楼阁中最为壮观的一座建筑，四层八角，建造在几乎垂直的百尺石壁之上，精美的建筑工艺自不待言，即便只是其宏大的设计意图也值得一观。（伊东忠太）

右图 >
图 435 北京万寿山排云殿及佛香阁。原照片藏于东京帝室博物馆。

北京万寿山佛香阁后方佛堂

佛香阁后方的佛堂又称众香界，外面全部覆盖琉璃瓦，里面全用砖砌，安置佛像。屋脊立有三座藏式宝塔，附有复杂装饰。屋瓦以黄色为底色，用绿瓦和紫瓦铺出纹路，这一做法堪称孤例。另外，瀛台众多建筑屋瓦的颜色各有不同，实属奇观。这两点在中国建筑中独具特色。（伊东忠太）

图 436 北京万寿山佛香阁后方佛堂。原照片藏于东京帝室博物馆。

北京万寿山昆明湖大理石楼船

昆明湖边建有一艘大理石造的楼船[①]，供人游乐宴饮。有趣的是，船的两侧装有车轮。船头船尾立有双柱，柱斗的设计以及半圆拱的建筑手法，具有欧洲乃至印度的风情，耐人寻味。

（伊东忠太）

① 万寿山石舫，又名清晏舫，位于昆明湖西北部。——译者注

图 437 北京万寿山昆明湖大理石楼船。原照片藏于东京帝室博物馆。

第二节 奉天等地

奉天宫城大清门

奉天原为清朝的发祥地，宫城[①]被称为金銮殿，现存建筑为乾隆帝时期所建。建筑规模不大，也并非尽善尽美，但其建筑工艺非常精巧，举目所见，乾隆盛世的往昔荣耀恍如昨日。大清门是奉天宫城的正门，但也只是单层悬山式建筑，显得平平无奇。（伊东忠太）

① 即沈阳故宫。——译者注

图 438 奉天宫城大清门。伊东忠太博士拍摄。

图 439 奉天宫城大清门局部。伊东忠太博士拍摄。

奉天宫城大清门局部

大清门虽然风格平庸，但有很多精巧的细节。图 439 展示了山墙两端的装饰，砖墙上雕刻着狮龙、灵兽和灵鸟，其创意实属少见。博风板表面刻有生动的云龙雕像，工艺新奇而精巧。（伊东忠太）

奉天宫城崇政殿前的日晷

崇政殿建于清朝崇德二年（1637 年）[①]，殿前月台上有日晷和嘉量，东西相对，日晷为确定时间标准的计时装置，而嘉量则是测量体积的标准量器。日晷全用大理石制造，基座腰部呈花瓶状，上面用莲花支撑，下方的底座有云龙浮雕。座板上有一块石制圆板，略微斜向放置，圆板下方刻有云纹，中央有竖立的指针，可以根据针影的长短来指示时间。（关野贞）

① 崇政殿建于清太宗天聪年间（1627—1635 年），崇德元年（1636 年）定为今名。——译者注

图 440 奉天宫城崇政殿前的日晷。关野贞博士拍摄。

图 441 奉天宫城崇政殿前的嘉量。关野贞博士拍摄。

奉天宫城崇政殿前的嘉量

崇政殿前方月台西端置有嘉量。嘉量的下方为基座，腰部略窄，有波涛、山岳、云纹浮雕，上部是带有屋顶的宫殿状结构。嘉量和日晷一样，也是汉白玉制作，基座刻有莲花和唐草，宫殿状结构略施雕饰，內部安放装饰云纹的升形量具。（关野贞）

图 442 奉天宫城崇政殿。关野贞博士拍摄。

奉天宫城崇政殿

清太祖起兵兴京，击破明军，定都沈阳，后于清太宗崇德二年（1637 年）建成宫阙，即现存的奉天宫殿。其规模虽然不大，但代表了清朝初年的建筑水平，相当壮丽。踏入正门大清门，内有正殿崇政殿，立于高高的基座之上，正面有一较低的露台及三条石阶，其上有非常壮观的雕刻。

崇政殿面阔五间，进深六间，前后各有一间阔的回廊，两个侧面建有高高的砖墙，屋顶为悬山顶，覆盖黄色琉璃瓦。中国古代宫阙的正殿必定是庑殿顶，悬山顶是它的简化版。

崇政殿的斗拱非常简单，连接侧柱的月梁雕刻龙形，龙头探出梁外，两只龙爪张开，龙尾穿过后方柱子。殿内正面和背面各柱间设有透雕花纹，地面铺砖，屋顶架三重月梁，不设天棚，内外均装饰彩绘，中央位置设有富丽堂皇的宝座。（关野贞）

奉天宫城崇政殿石阶

崇政殿的基座前有三条石阶，中央石阶宽且长，两侧石阶窄且短。中央石阶斜面石上有云龙高浮雕。三条石阶的两侧都有雕饰，设石栏杆，阳刻各种图案，或为兽形，或为蟠龙，或为花草，极为精巧华美。（关野贞）

图 443 奉天宫城崇政殿石阶。关野贞博士拍摄。

奉天宫城崇政殿局部

图 444 展示了崇政殿正面左侧的局部。斗拱、屋檐四周、刻有花纹透雕及凸字形的门板和石栏、屋顶上下梁的云龙雕刻、正吻和旁吻上的各类雕像自不待言，装饰侧壁正面的琉璃砖雕刻同样非常华美，尤其惹人注目。（关野贞）

图 444 奉天宫城崇政殿局部。关野贞博士拍摄。

奉天宫城崇政殿栏杆

崇政殿基座正面设有大理石栏杆。瓜柱支撑雕刻云龙图案的寻杖，宝瓶上方升起云纹，下方束腰板上浮雕云龙，地袱及其他位置刻有唐草纹路，建筑风格极其华丽。（关野贞）

图 445 奉天宫城崇政殿栏杆。伊东忠太博士拍摄。

奉天宫城崇政殿宝座

崇政殿内部中央位置有宝座，宝座平面为方形，正面有三条台阶。台阶两旁有栏杆延伸至宝座所在的台上，栏杆上有富丽堂皇的雕饰。宝座上方高处建有屋顶，支撑柱上刻有蟠龙，造型有些奇特。宝座后方立有屏风，上面有大量云龙透雕，正面置有座椅，上面也施有精致的雕饰。宝座的这些细节部位或描彩色，或涂金漆，外观绚丽。（关野贞）

右图 >
图 446 奉天宫城崇政殿宝座。伊东忠太博士拍摄。

图 447 奉天宫城凤凰楼。关野贞博士拍摄。

奉天宫城凤凰楼

凤凰楼位于崇政殿后方高处，相当于清宁宫的前门。凤凰楼前方设有长长的石阶，面阔五间，三层结构，各层四面开放有一间阔的回廊，第二层另外围绕栏杆。结构虽然简单，但內外均描绘彩色，屋顶覆盖黄色琉璃瓦，最顶层为歇山顶，外观高雅秀丽，造型美观且气势宏大，装饰了清宁宫的正面。（关野贞）

奉天宫城清宁宫及麟趾宫

清宁宫是內廷的正殿，正面东边为关雎宫和永福宫，西边为麟趾宫和衍庆宫。图 448 为清宁宫的大部分和麟趾宫的局部。清宁宫面阔五间，进深四间，悬山顶，正面有一间阔的开放式回廊，屋顶覆盖黄色琉璃瓦，斗拱造型简单，格子窗戸糊纸，內部地面铺正方形瓦砖，平棋天井，方格之间贴纸，四壁建有宽大的炕。

麟趾宫同样面阔五间，悬山顶，但规模比清宁宫稍小一些。（关野贞）

图 448 奉天宫城清宁宫及麟趾宫。关野贞博士拍摄。

奉天宫城飞龙阁的山墙装饰

踏入奉天宫城正门大清门，东有飞龙阁，西为翔凤阁，两者相对而立。图449展示了飞龙阁侧面山墙装饰的细节。其中最为特殊的地方在于山墙上的透雕——从中央和左右两边悬吊下来的纽带缠绕成花形，末端飘飘然如波浪一般。（关野贞）

图449 奉天宫城飞龙阁的山墙装饰。关野贞博士拍摄。

图 450 奉天宫城右翊门的山墙装饰。伊东忠太博士拍摄。

奉天宫城右翊门的山墙装饰

崇政殿左右分别有左翊门和右翊门两道侧门。图 450 展示了右翊门的山墙装饰。屋顶正吻下梁的雕龙、巴瓦、唐草瓦、博风的云龙浮雕、悬鱼形唐草纹等雕饰极其富丽堂皇，均为黄色琉璃砖和琉璃瓦所造。（关野贞）

奉天宫城大政殿

大政殿与金銮殿东面相邻，是政厅的正殿，八角重檐，规模不大，但外形非常齐整，细节工艺比较奇特，建筑散发出的活力和气势值得一看。（伊东忠太）

图 451 奉天宫城大政殿。伊东忠太博士拍摄。

图 452 奉天宫城大政殿局部。伊东忠太博士拍摄。

奉天宫城大政殿局部

图 452 展示了大政殿正面的局部。左右两侧对称的柱子上部缠绕着雕龙，颇有飞扬跋扈的霸气，设计也非常有个性。柱斗的鬼面雕刻是藏传佛教中的特殊技法，同类技法在斗拱上部也能观察到。（伊东忠太）

图 453 奉天宫城大政殿藻井。伊东忠太博士拍摄。

奉天宫城大政殿藻井

大政殿藻井的设计类型，在北京紫禁城的宫殿中未曾出现过，八个梯形格子围绕中心，格子里嵌入吉利的文字。藻井各部分浑然一体，风格协调，并无琐碎繁杂之感，属于上乘之作。（伊东忠太）

奉天宫城文溯阁

康熙皇帝和雍正皇帝曾命人编纂《古今图书集成》一万卷。后来，从全国收集来的众多书籍被分为经、史、子、集四大类，即《四库全书》。书籍誊写好之后，保存于北京的文渊阁、圆明园的文源阁、奉天的文溯阁和热河的文津阁。图 454 为其中的文溯阁。

文溯阁位于奉天宫殿的正西方，自成一区，面阔五间，双层。正面开放一间作为走廊，两侧建有高高的砖墙，上层屋顶为悬山顶，上下两层屋檐均覆盖黑褐色瓦片，仅大梁和屋檐侧边覆盖绿瓦。文溯阁内部有三层，各层设架子，收藏《四库全书》及《古今图书集成》，结构略显简朴，内外均施彩色，正面有月台。（关野贞）

右图（上）>
图 454 奉天宫城文溯阁。关野贞博士拍摄。

右图（下）>
图 455 奉天宫城文溯阁内部。伊东忠太博士拍摄。

图 456 台湾台南市赤崁楼。原照片由伊东忠太博士收藏。

台湾台南市赤崁楼

赤崁楼[①]是台湾最美丽的古建筑之一。大约三百年前，荷兰人占领此地时，建造赤崁楼，故又称红毛城。到了清朝，曾作为文昌楼和海神庙。图 456 建筑并非当年的赤崁楼，而是后世重建，它是一座双层大型建筑，堪称台湾建筑中的翘楚。（伊东忠太）

① 崁，音 kàn，或作赤嵌楼、次崁楼。——译者注

陕西临潼县华清宫

秦始皇在位时开始在骊山温泉兴建宫殿，汉武帝在位时再次在此修建宫殿，隋文帝开皇三年（583 年）也在此修建了宫殿，同时种植松柏千余株。唐太宗贞观十八年（644 年），皇帝诏令姜行本和阎立德建造汤泉宫。唐高宗咸亨二年（671 年）改为温泉宫，唐玄宗天宝六年（747 年）更名为华清宫。宫室环山建造，规模宏大。唐玄宗多次与杨贵妃等人行幸此处并在此入浴。唐朝末年，华清宫荒废，至后晋高祖天福年间（936—942 年）更名为灵泉观，赐给道士，成为道教寺庙。后世有很多人来这里入浴，并留下《温泉歌》《温泉箴》《骊山所感》等诗文作品，宫內墙壁的刻石上留有宋朝皇祐、嘉祐、治平、元祐、政和、宣和，金朝承安、正大，清朝康熙、乾隆等年代的铭文。

现存宫殿数量很少。图 457、图 458 中可见的建筑多半为乾隆时期所建。（塚本靖）

图 457 陕西临潼县华清宫。塚本靖博士拍摄。

图 458 陕西临潼县华清宫。塚本靖博士拍摄。

第九章 住宅商铺

第一节 住宅

广东潮州街道

中国的街道建筑因地而异，大城市的主要街道两侧，一般都是双层或多层建筑，屋顶肯定覆瓦，山墙轮廓具有很多种类型。屋顶上有烟囱、采光窗、换气孔等，打破了单调。屋顶上经常会有护墙或阁楼等，将空间线条复杂化。图 459 虽然只是华南地区小城市的鸟瞰图，但由此也能以一知十。（伊东忠太）

右图 >
图 459 广东潮州街道。原照片由伊东忠太博士收藏。

湖北汉阳县郊外

中国的独立住宅根据地区和居住者的阶层，各不相同，但图 460 是其中最具特色的例子。地基四周建有院墙，院内建有房屋，设置前庭及内院。房屋的外墙兼作院墙，屋子的高低决定了院墙的高低凹凸，不经意间形成了有趣的轮廓。图 460 是其中最为简洁且合理的示例。（伊东忠太）

图 460 湖北汉阳县郊外。伊东忠太博士拍摄。

图 461 奉天铁岭县城外的住宅大门。大熊博士拍摄。

奉天铁岭县城外的住宅大门

图 461 为东北地区上流士绅的家门，在中式住宅中略显简朴，但门柱下也置有鼓形础石，內侧立一对石狮，下方嵌有常见的雷纹雕刻，雷纹內部一丝不苟地放入代表吉祥的图案。其他诸如麻叶头、墙装托架等工艺也值得关注。（伊东忠太）

图 462 奉天城外的住宅大门。伊东忠太博士拍摄。

奉天城外的住宅大门

图 462 是东北地区官吏的家门。门板正面贴有菱形纸，人们通常在纸上写上神荼和郁垒的名字，来代替画像，但这家写了一些吉利字眼。门顶采用悬山顶，博风板尾端的图案、悬鱼的式样、柱子上部突出的墙装托架等，虽然都是常规设计，但思虑非常周全。（伊东忠太）

北京椿树胡同某户住宅

这间住宅位于北京椿树胡同，是笔者一位朋友的旅居之所，可视为中国中产阶级住宅的代表。从马路上走进门內，可以看到左侧有大杂院，右侧有墙，墙中央另有一门，门內有屏风状的影壁，用来防止门外的人偷看墙內。从影壁左边或右边绕路进入中庭（院子），中庭三面被建筑物围住。正面为大房（或称正房），左右为厢房（或称侧房）。顾名思义，大房比厢房要大，也更气派。大房分为三部分，左右为主人的起居室和客厅。厢房为三间一戸，各方面都比大房要简朴。院子地面铺石头，图 463 中的院子里有花盆和水盆等，夏季炎热时，北京和天津等地会在花上方架起帘子遮阴。

图 463 是从院子一角观察大房和厢房时看到的景象。（塚本靖）

图 463 北京椿树胡同某户住宅。塚本靖博士拍摄。

图 464 奉天某户住宅。伊东忠太博士拍摄。

奉天某户住宅

图 464 为华北及东北普通中产阶级常见住宅的示例。右侧建筑为朝南的大房，面阔五楹，这是主人的住处。前面的院子（外庭）铺满砖块，左右设有面阔三楹的东西厢房，这是家人的住处，大房后面的后房是夫人的住处。各房都将中间的房间作为厅堂，正面有入口，左右房间正面开窗。屋顶为铺瓦悬山顶，山墙封闭，厅堂的后墙开窗，左右房间多不设窗，有时开小窗。房屋用炕取暖，每栋房子都有烟囱。房屋为砖木混合结构，一般用木材架构，外墙覆盖砖块。（伊东忠太）

图 465 奉天铁岭县某户住宅其一。伊东忠太博士拍摄。

奉天铁岭县某户住宅其一

中国住宅的建造方法遵守自古以来的规定。主要建筑为大房，即一家之长的住所。图 465 是遵循常见形制的大房示例。长方形单层房屋被划分为三部分，中间为厅堂，用来待客，左右为起居室。中央入口有门板，左右起居室辟窗。（伊东忠太）

奉天铁岭县某户住宅其二

图 466 和图 465 相似，只是比前者更高级一点，门窗的设计和细节也更精致。这种式样主要见于东北及华北地区，原则上北面的墙封闭，房屋坐北朝南，以抵御凛冽的北风。（伊东忠太）

图 466 奉天铁岭县某户住宅其二。伊东忠太博士拍摄。

图 467 台湾台北板桥林本源先生宅邸。森山松之助[1]拍摄。

台湾台北板桥[2]林本源先生宅邸

中国台湾的建筑风格虽然属于华南派，但也带有几分地方特色。台北市外板地区的林先生宅邸，便是一座具有代表性的建筑。其规模之大，设施之齐全，足以比肩王侯。宅邸中央正面有一片半圆形的大池子，第一栋楼至第五栋楼将中庭并排围住，第三栋楼至第五栋楼为主人的居所。面朝中庭，右手边的一栋建筑以白花庭为厅堂，用来迎宾待客。厅前的院子中设有戏台，左边房屋用作厨房和杂用。图 467 为宅邸的局部，其式样在中国到处可见。建造年代应当在清朝道光末年。（伊东忠太）

① 森山松之助（1869—1949），日本建筑师，日本占领时期台湾官署的设计专家。——译者注

② 今新北市板桥区。——译者注

台湾台北板桥林本源先生宅邸局部

图 468 是林先生宅邸的局部图。基座和墙壁的建造手法，尤其是楼阁正面的曲线轮廓，与墙壁一样富于创意。楼阁上层的式样与中国传统的风格略有不同，带有一些现代风格。图 468 建筑的年代应该与图 467 相同。（伊东忠太）

图 468 台湾台北板桥林本源先生宅邸局部。森山松之助拍摄。

图 469 奉天农家。伊东忠太博士拍摄。

奉天农家

在华北和东北一带缺少树木的地区，建筑自然只能依赖泥土。这种原始的建筑现在依然能在贫穷的农村中见到。图 469 为其中一例。农民用泥土做墙壁，再把成捆的小米秸秆水平架在墙上，上面覆盖泥土。此地极少有暴雨天气，因而这样粗陋的建筑也能长久存在。（伊东忠太）

图 470 奉天郊外塔湾的农家。伊东忠太博士拍摄。

奉天郊外塔湾[①]的农家

图 470 与图 469 建筑属于同一类型，工艺有所进步。墙壁虽然也是泥土，但斜坡屋顶为木结构，上面覆盖茅草。入口和窗戸虽然制作粗糙，但都用木材进行了相应的处理。（伊东忠太）

① 位于沈阳市皇姑区西南部。——译者注

图 471 奉天安东县民居。原照片由关野贞博士收藏。

奉天安东县民居

图 471 建筑较图 470 有了更进一步的发展。墙壁不再是泥土，而是用砖砌，墙的下部砌入了小块的天然石。悬山式屋顶已经具备些许曲线轮廓，侧檐也略微探出，屋顶既有铺草也有盖瓦。这一类型继续发展，就成了现代普通的民居。（伊东忠太）

图 472 云南大理附近的农家。伊东忠太博士拍摄。

云南大理附近的农家

中国的山林地带也存在床架式房屋。图 472 中的农家建筑偶见于云南西部喜马拉雅山支脉曲折的密林地区。屋檐盖草或盖板，有的还铺上了当地特有的石板。（伊东忠太）

山西阳曲县窑洞

图 473 山西阳曲县窑洞。大连市亚东印画协会拍摄。

河南巩县窑洞

华北地区，尤其是河南、陕西、山西和河北等地，仍然盛行穴居。原因在于，这些地区的地层由厚厚的黄土构成，颗粒细小，黏性强，几乎到处是垂直的断崖峭壁。人们很容易在这些断崖峭壁上挖出横洞，建成土房子，即所谓的窑洞。图473和图474是窑洞的两例。华北地区除了八九月份的雨季，其余时候空气一直很干燥，人们不会因为阴雨潮湿而苦恼。而且这些地区缺少森林，造房用的木材供应极为不足，因此便于开凿的窑洞，自然而然地就流行开来。

虽然都是穴居，但也存在地域和阶层上的差别。最简单的建造方式是在断崖的腹部开凿横洞，入口处安装板门，入口附近建造炉灶，內部采用穹隆状天井，在墙面稍高处挖出床铺。如果房间很大，则会在上部开辟小窗戸或排气孔。有的横洞建造一间房屋，有的则建造两三间连续的房屋。较高级的房屋，会用砖块或石材将横洞的入口边缘封上，入口前方设中庭，中庭四面环绕砖土结构的外墙，形成大门，乍一看颇为气派。（关野贞）

右图 >
图474 河南巩县窑洞。原照片由常盘大定博士收藏。

第二节 商铺

北京东四牌楼附近的商家

东四牌楼附近的街道是北京东部主要的街道之一，如图 475 所示，各家商店的店面设计各有不同，大家都想使用精巧奇特的雕刻、匾额和对联等装饰店面。正面屋檐上装设栏杆状结构，嵌上几何形格子，内部显示屋号，此为常规的样式。（伊东忠太）

图 475 北京东四牌楼附近的商家。原照片藏于东京帝室博物馆。

图 476 北京城内的商店。大连市亚东印画协会拍摄。

北京城内的商店

图 476 展示了北京城内最具代表性的商铺，门板、气窗、屋檐遮阳板、屋顶上的护栏等，无不施以大量雕刻，涂绘金漆，五彩斑斓，外观极其豪华富丽，从中可以窥见中国商人喜好宣传的特质。（关野贞）

奉天城内的商店

图 477 展示了奉天城内商铺的风景。店铺外面的雕饰虽然不及北京的街市，但争先恐后向道路方向伸出的招牌，极其生动地说明了中国人的生意人秉性。（关野贞）

图 477 奉天城内的商店。原照片由关野贞博士收藏。

第十章 公共建筑

第一节 衙门与贡院

广东番禺县广东将军[1]衙门影壁

中国的宫殿、官衙等建筑的正门前经常会有影壁。影壁原本用来遮挡门内空间，避免外部窥视，但现在已经成为纯粹的装饰。砖砌墙壁的表面经常画有奇异的动物，并配以浓烈的色彩，图478就是其中一例。画面内容可能是龙的变种，极其怪异。[2]

① 广东将军即广州将军，是清代官职名，从一品。——译者注
② 原文没有标注作者，根据前后文推测可能是伊东忠太。——译者注

图478 广东番禺县广东将军衙门影壁。伊东忠太博士拍摄。

图 479 江苏南京衙门影壁。伊东忠太博士拍摄。

江苏南京衙门影壁

图 479 建筑与图 478 的工艺相同，应该同为龙的变种。（伊东忠太）

图 480 江苏南京贡院。伊东忠太博士拍摄。

江苏南京贡院

图 480 中画面是乘风破浪的龙脚踏波涛，越过面阔五间的牌楼。右方有神仙站在龙尾上，左方立有指引神像。牌楼匾额题有“龙门”，意指贡院是考生走向飞黄腾达的大门。（伊东忠太）

第二节 戏园

奉天戏园

汉族人自古以来就喜好戏曲，各地戏园、戏台随处可见。图 481 中建筑是一处较为简单的戏园。它的巧妙之处在于拥有一种从容不迫的氛围，却没有戏台的紧张感。（伊东忠太）

图 481 奉天戏园。伊东忠太博士拍摄。

奉天戏园内部

图 482 为图 481 戏园的内部。舞台很像日本的能乐舞台或江戸初期的剧场，伸到观众席中。左右走廊即是楼座。天棚椽子外露，并不遵守藻井的形制，体现出临时性建筑质朴的特点。（伊东忠太）

图 482 奉天戏园内部。伊东忠太博士拍摄。

图 483 奉天沈阳县关帝庙戏台。伊东忠太博士拍摄。

奉天沈阳县关帝庙戏台

中国的庙宇和祠堂，尤其是信奉道教或规模较大的地方，必定会有戏台。戏台一般建造在正殿对面的中央位置。舞台架设在高高的基座上，没有表演的时候，基座多用作通道。图 483 中的设计属于简化版的北方风格。（伊东忠太）

图 484 奉天沈阳县关帝庙戏台侧面。伊东忠太博士拍摄。

奉天沈阳县关帝庙戏台侧面

图 484 为图 483 的侧面。左边的歇山式部分是舞台的屋顶，右边的悬山式部分是后台的屋顶。虽然设计朴素，但两座屋宇相连的手法体现了中国建筑的特质，并展示了两座建筑的和谐之美。（伊东忠太）

图 485 浙江杭县吴山城隍庙戏台。伊东忠太博士拍摄。

浙江杭县吴山城隍庙戏台

图 485 中戏台具有中国中部地区的风格。布局设计与图 484 差不多，但外观及局部的手法差别较大。图 485 中的建筑，人们平时会将舞台地板卸下，供行人通行。（伊东忠太）

陕西汉中四川会馆戏台

这座戏台和图 485 属于同一类型，但外观非常华丽。尤其是屋檐的翘起和梁上的装饰，足以让观众心动不已。其他一些细节处的精巧设计，其旨趣也和东北地区的戏台有所不同。（伊东忠太）

图 486 陕西汉中四川会馆戏台。伊东忠太博士拍摄。

第十一章 门、牌楼、关

第一节 门

奉天南清真寺门

清真寺是伊斯兰教寺院的中文名。清真寺分布于中国全境，东北地区尤其多。图 487 为其中一座清真寺的寺门。寺门采用中国固有的形制，并没有特意加入伊斯兰教建筑的风格。不过其山形屋顶呈 M 字形，这比较少见。（伊东忠太）

图 487 奉天南清真寺门。伊东忠太博士拍摄。

图 488 贵州贵阳县文庙门。原照片由伊东忠太博士收藏。

贵州贵阳县文庙门

图 488 中庙门的形式自成一派。总体呈垂花状，但细节手法非常奇特和巧妙，歇山式屋顶明显上翘，屋檐与房屋框架浑然一体。墙壁的柱子之间嵌有透雕纹路的石头，这种巧妙的设计非常罕见。（伊东忠太）

图 489 奉天军政署垂花门。伊东忠太博士拍摄。

奉天军政署垂花门

这是中国北方地区的垂花门，设计简朴。这道门整体上来说过于笨重，但局部有很多精细的地方，可以说是非常难得的例子。（伊东忠太）

奉天军政署垂花门详细情况

在确认图489垂花门的细节时，笔者发现它的屋顶缺少梁饰，略显单调，然而它的悬鱼并没有挂在博风板的合掌部位，而是左右各放一只，成对出现，并且形状也比较复杂，这种设计颇有创意。悬鱼的两对花和桃子图案也很精彩。其他诸如墙装托架、护腰板、梁下的雷纹透雕和托架下方的垂花，无一不是佳作。（伊东忠太）

图490 奉天军政署垂花门详细情况。伊东忠太博士拍摄。

陕西西安文庙石门

图 491 陕西西安文庙石门。关野贞博士拍摄。

西安文庙泮池内，有一面东西方向的墙，墙上有三道石门，中门高大，左右门矮小。图 491 为中央石门。八角石柱的底部装有基石，上部架两根横梁，支撑小型的屋顶，屋脊中央立宝珠，内刻龙形，左右两端托瑞兽。上下横梁间以红底绿字题“文庙”二字，横梁表面有云龙浮雕。门的结构虽然简单，却颇有刚健之风，可能是明朝洪武二年（1369 年）[1] 文庙始建时留存。（关野贞）

① 此处原文记载的时间与中国国内记录不同。国内一般认为西安文庙始建于北宋崇宁年间（1102—1106 年）。——译者注

奉天娘娘庙石门

这座石门立于奉天娘娘庙正面，左右两柱顶上托石狮，上下横梁及柱间的束腰石、上额部等位置刻有唐草、云纹、云龙等装饰，可能是清朝初年所建。（关野贞）

图 492 奉天娘娘庙石门。伊东忠太博士拍摄。

第二节 牌楼

河南洛阳白马寺附近牌楼

中国有建德政碑、在衙门挂牌匾，以称颂地方官政绩的习俗，另外，也会在门闾上为孝子、节妇挂匾额以示表彰。图493为一座门闾，即建在村口的大门。据说这些所谓的美行有时与实际情况大相径庭，例如有的地方官号称德政，实际政绩平平；有的寡妇被亲戚逼迫自杀，亲戚却称其为节妇，为她修建牌坊，并视为家族荣耀。（塚本靖）

图493 河南洛阳白马寺附近牌楼。关野贞博士拍摄。

图 494 北京昌平县明十三陵石牌坊。原照片由关野贞博士收藏。

北京昌平县明十三陵石牌坊

明十三陵的神道正面，矗立着一座非常壮观的汉白玉石牌坊。作为规模宏大的历代皇陵的正门，它当之无愧。石牌坊宽约 28 米，六根大方柱隔出五间，方柱上面架梁，梁上又有两根短柱，其上以精巧的斗拱支撑庑殿顶。中央通道最高，左右次之，两端最矮，通过高低落差形成稳定的结构。支撑石柱的基座以及梁间的短墙都施以华美的雕饰。这座牌坊建于明朝嘉靖十九年（1540 年）。（关野贞）

图 495 陕西西安明代坟墓牌楼。关野贞博士拍摄。

陕西西安明代坟墓牌楼

西汉宣帝的杜陵位于西安府城南面，杜陵西面往南数百米，有三座明朝古墓，呈三足鼎立之势，前方设有石牌楼、石人和石兽。这座石牌楼原本面阔三间，现在一侧已缺失，且损坏严重。柱脚前后置有加固用的石头，柱子上方支撑梁和短柱，屋顶中间明显高耸，两侧低矮，下面用数个斗拱支撑。梁柱、横木及其下方有人物和云龙等浮雕，中央一间的左右两柱刻有如下对联。

玄府森蔚，帝命基成真寿域；（左柱①）

化宫□峨，神灵凭籍大雄藩。（右柱）（关野贞）

---

① 按照对联的习惯，这一句应当在右手边（面朝对联时），推测左右可能标反了。——译者注

图 496 陕西西安崇圣寺牌楼。关野贞博士拍摄。

陕西西安崇圣寺牌楼

崇圣寺是一座著名的寺庙，位于西安府城西门，现已荒废，仅存这座石牌楼和十几块碑碣。这座牌楼建于明朝万历二十年（1592 年），用方柱隔出三间，中间一间高，左右两间矮，以三四座斗拱支撑高低不齐的仿瓦屋顶，柱子上部刻蟠龙，下部前后安放固定用的石头以支撑柱子。石头顶部立有石狮，柱上架横木，稍微往下一点的位置设有贯通的横木，其下嵌板，板上刻花纹。中间横木下方的门框墙上题有“祇园真境”四字，横木、贯通横木、中间的门框墙上，阳刻释迦八相图或浮雕云龙。牌楼的左右建有小房，里面供奉金刚力士像。（关野贞）

奉天东陵牌楼

奉天东陵（清太祖福陵）南大门前方有两座石坊（牌楼）分列左右。图 497 为东侧的石坊。四根石柱脚部有雕饰，顶部托石兽，柱与柱之间用横木及斗拱支撑重檐屋顶，屋顶中间高、两边低，结构平衡。横木上阳刻云龙，屋顶两端置正吻作为装饰。（关野贞）

图 497 奉天东陵牌楼。关野贞博士拍摄。

图 498 陕西泾阳县安吴堡清代坟墓牌楼。关野贞博士拍摄。

陕西泾阳县安吴堡清代坟墓牌楼

泾阳县有个名为安吴堡的小村子，村子的南门外东侧有座吴氏坟，坟前立有面阔三间的石牌坊，牌坊上用复杂的斗拱支撑三层屋顶，顶上托有重檐阁楼状结构。石牌坊各层屋脊的末端和正吻下梁的末端建有奇特的旁吻，形成新颖的轮廓。柱子及透窗上都有精巧的雕饰，整体结构稳定。第一层的梁上刻有“诰授武德骑尉”六个字，墓前碑上题有“诰授武德骑尉卫守府加二级纪录二次萼轩吴公暨继配同张[①]宜人合葬之墓”，上面刻有“道光二十九年”（1849 年），据此可知这座牌坊也是当时所建。（关野贞）

---

①“同张”二字为小字。——译者注

图 499 四川成都城门外牌楼。伊东忠太博士拍摄。

四川成都城门外牌楼

牌楼是门的一种，开口数量从一到五都有，有些有屋顶，有些没有屋顶，但肯定没有进深。修建牌楼的目的大多是用作节孝坊，表彰节妇或孝子，也有一些状元坊、探花坊、榜眼坊、德政坊、百岁坊等。除此之外，还可以用作宫殿、祠堂和寺庙等建筑的大门。牌楼的种类几乎有无限多。图 499 为节孝坊的一例，较为庄重华丽。（伊东忠太）

四川成都街道牌楼

图 500 和图 499 属于同种类型。这一带有很多节孝坊，鳞次栉比，夹道而立，堪称奇观，这大概是中国独有的风景。（伊东忠太）

图 500 四川成都街道牌楼。大连市亚东印画协会拍摄。

图 501 山东曲阜县文庙神道牌楼。大连市亚东印画协会拍摄。

山东曲阜县文庙神道牌楼

这座节孝坊与图 500 的设计风格略有不同。可能是因为地理位置接近华北地区，这座牌坊的建筑手法很简洁。柱基部位立有圆雕狮子，颇具创意。（伊东忠太）

图 502 河南汤阴县岳飞庙牌楼。塚本靖博士拍摄。

河南汤阴县岳飞庙牌楼

汤阴是南宋忠臣岳飞的诞生地，此庙修建于明代宗景泰元年（1450 年），后于明孝宗弘治十年（1497 年）扩建，弘治十三年（1500 年）至弘治十四年（1501 年）重建，之后又于明武宗正德五年（1510 年）、正德十年（1515 年）、正德十二年（1517 年）、正德十三年（1518 年）、明神宗万历年间（1573—1620 年）、明熹宗天启年间（1621—1627 年），数次修缮。清世宗雍正九年（1731 年）至清高宗乾隆二年（1737 年）进行过大规模修理，面貌焕然一新。《汤阴精忠庙志》记录“勅赐精忠之庙坊一座在大门外西”，指的应该就是图 502 中的牌楼，也就是说，这座牌楼建成于乾隆二年。（塚本靖）

陕西西安卧龙寺牌楼

清朝光绪二十六年（1900年）庚子事变爆发时，慈禧太后和光绪帝临幸西安府，下旨在卧龙寺正门外建造牌楼，于第二年即光绪二十七年（1901年）建成。这座牌楼是清朝末年三门石坊的代表作。三层屋顶，斗拱、正吻、小型宝阁、宝铎、横坡窗、梁面、支柱雕饰等极富技巧，但略有生硬、庸俗之感。第三层挂御赐匾额，第二层门框墙上横向题字“敕建十方卧龙禅寺”，第一层左右侧面的梁间分别刻“皇恩浩荡”和“万寿无疆”，中央的柱子上刻对联“佛法西来，流传亘古”和“帝恩北至，炳耀长今”。（关野贞）

右图>
图503 陕西西安卧龙寺牌楼。关野贞博士拍摄。

佛日增輝
敕建十方卧龍禪寺
福
萬壽無疆
皇恩浩蕩

奉天黄寺牌楼

这座木结构牌楼面阔三间，位于奉天黄寺的前方，中间的屋顶比两边高，斗拱出三跳，紧密排布，支撑歇山式盖瓦屋顶。柱子束腰以下为石砌，前后有石头固定，柱子上部的两根横木及横坡窗上有华美的雕饰。这座牌楼应为清朝初年所建。（关野贞）

右图 >
图 504 奉天黄寺牌楼。伊东忠太博士拍摄。

图 505 陕西西安文庙牌楼。关野贞博士拍摄。

陕西西安文庙牌楼

这座木牌楼面阔三间，位于西安文庙泮池前方，和图 504 建筑相同，也是中间的屋顶高，左右两边矮。三座屋顶都有彩绘，由复杂的斗拱支撑。每根柱子前后设有支撑柱，中央一间上方的门框墙上题“太和元气”四字[1]，可能是清朝初年所建。（关野贞）

---

[1] 故此牌楼得名太和元气坊。——译者注

北京万寿山牌楼

万寿山离宫是为了庆祝慈禧太后六十大寿所重修的一批宫殿。图 506 中牌楼位于万寿山正面，毗邻昆明湖，可能是中国近代牌楼中最为知名的一座。遗憾的是，这座牌楼缺乏稳定感，格调不高，这或许正是时代特色的反映。（伊东忠太）

图 506 北京万寿山牌楼。原照片藏于东京帝室博物馆。

第三节　关

北京昌平县居庸关正面

从北平前往张家口的官道上，居庸关是必经之地，它位于八达岭山麓，以汉白玉建造，中间开有梯形门，顶部为穹隆形。墙高三十一尺（10.33米），门宽二十四尺（8米），进深四十九尺八寸（16.60米）。前后梯形入口上部拱石外轮廓为半圆形，中间有金翅鸟捕捉龙女的图案以及唐草纹路的浮雕，门左右刻有精巧的喇嘛教图案。

穹隆通道的左右墙上刻有佛像、天部和恶鬼，入口附近浮雕四大天王像，用梵文、汉文、藏文、蒙文、回鹘文、西夏文共六种文字刻写《陀罗尼经》。由此可见当年的元朝疆域何等辽阔。据铭文记载，这是元朝至正五年（1345年），成都宝积寺僧人德成发愿修建的。另有梯形穹顶表面浮雕五朵曼陀罗花，东西各五尊坐佛、千体佛。图案精巧华美，算得上是元朝石刻中的杰作。当年关门上部还有喇嘛教独有的宝塔，但因遭破坏，已经不复存在，只留下围绕在四面的石栏。（关野贞）

右图 >
图507 北京昌平县居庸关正面。原照片由关野贞博士收藏。

北京昌平县居庸关内壁面雕刻

这是位于居庸关西南壁上的广目天王像。雕像右手执蛇，张开右肋，屈左腿，压在恶鬼背上，英姿飒爽。右胁侍身着衣冠，手执笏，左胁侍上身赤裸，手执长矛，图像背景处刻有汹涌澎湃的云纹。构图具有藏传佛教的风格，技法精湛，刀功遒劲。精细华丽的雕饰，虽然略显庸俗，但作为元朝艺术成熟期的代表作，仍然称得上十分优秀。（关野贞）

图 508 北京昌平县居庸关内壁面雕刻。原照片由关野贞博士收藏。

图 509 四川蜀栈剑门关。伊东忠太博士拍摄。

四川蜀栈[①]剑门关

剑门关是区域之间通道的要害之处，又是省界关隘。图 509 即为控制蜀地栈道的天险——剑门关。一面是千仞深谷，一面是刀刻斧凿一样的绝壁。沿山路登至高处，便能看见古色苍然的关隘，关隘上矗立着两层城楼，稍远处还留有岗哨的痕迹。剑门关堪称中国最古老和经典的关隘中的典范。（伊东忠太）

---

① 古栈道名，又名石牛道、金牛道、剑阁道、南栈，是古代关中通往汉中和巴蜀的要道。故道自今陕西勉县西南行，越七盘岭入四川境，再经朝天驿达剑门关。——译者注

图 510 陕西秦栈石峡阁。伊东忠太博士拍摄。

陕西秦栈[①] 石峡阁

图 510 中关隘位于秦栈的险要处，但与剑门关相比，地形不够险峻，关门的结构样式也很粗糙，门上的楼阁极为粗劣。估计这座关隘建成后便逐渐荒废，现在仅存轮廓。（伊东忠太）

---

① 秦时所筑自秦入蜀的栈道。——译者注

第十二章 桥

第一节 北京与直隶

北京瀛台石桥

中国有句古话叫“南船北马”，意思是华南的交通主要靠船，华北的交通主要靠马，因此从设计上来说，华南的桥需要让船从桥下通过，而华北的桥则需要让车马从桥上通过。图 511 为华北的桥，桥身与水面平行，并没有考虑下方通船。桥身全以白石砌成，架于太液池中海通往南海的狭窄河流上。值得注意的是，这座桥迂回曲折，非常罕见。栏柱上的狮子雕工十分精湛。（伊东忠太）

图 511 北京瀛台石桥。原照片藏于东京帝室博物馆。

图 512 北京万寿山十七孔桥。大连市亚东印画协会拍摄。

北京万寿山十七孔桥

十七孔桥连接昆明湖中的一座小岛和湖岸，是一座全部以汉白玉建成的长桥，非常壮丽。十七孔桥的名称来源于它的十七个桥洞。这座桥是为了打造园林风景而建，桥洞可以通过小型游船。（伊东忠太）

图 513 北京郊外的卢沟桥。大连市亚东印画协会拍摄。

北京郊外的卢沟桥

卢沟桥是北方桥梁的代表作。桥身水平，主要用于车马通行。桥上有白石栏杆，桥头立有华表。桥下建有坚牢的成排桥拱，用来抵挡洪水灾害。（伊东忠太）

直隶易县西陵清世宗（雍正帝）泰陵石桥

清朝雍正帝泰陵神道前方有一座白石桥架于河上，长约 50 米，共有五拱，两端略宽，中间窄，栏杆上有美丽的雕刻，桥面同样铺的是汉白玉。这座石桥规模宏大，手法精美，与郁郁葱葱的松林和前方面阔五间的石坊相映成趣，共同点缀了泰陵的正面。（关野贞）

图 514 直隶易县西陵清世宗（雍正帝）泰陵石桥。关野贞博士拍摄。

直隶易县西陵清德宗（光绪帝）崇陵石桥

光绪帝崇陵神道正面和雍正帝泰陵一样，也有一座汉白玉桥，下有五拱，上设高栏。崇陵石桥的样式和泰陵石桥相同，但细节手法要差很多。（关野贞）

图 515 直隶易县西陵清德宗（光绪帝）崇陵石桥。关野贞博士拍摄。

图 516 北京万寿山昆明湖拱桥。大连市亚东印画协会拍摄。

北京万寿山昆明湖拱桥

这也是一座园林景观桥，属于南方的风格，但并没有考虑是否便于通船，只是要展示南方风格桥的奇特造型。从这个意义来说，这座桥是成功之作。（伊东忠太）

图 517 广东潮州湘子桥。伊东忠太博士拍摄。

第二节 其他

广东潮州湘子桥

湘子桥[1]位于中国南方，是一座架在大江上的桥，非常特别。从江岸往江心建造若干巨大的桥墩，桥身中间位置辟有通道，两边排列店铺，江心附近水深处不造桥墩，以浮桥相连，定时通行和关闭，以此来管理大型船和桥上行人的通行。（伊东忠太）

① 又称广济桥。——译者注

四川万县万州桥

万州桥[①]也是一座南方风格的拱桥。之所以设计成拱桥,并非为了平时行船,而是因为下暴雨时,溪流泛滥,可能会冲击桥床和桥墩。桥顶上方建有一间房屋,极有设计感。(伊东忠太)

① 位于苎溪河上，建于清朝同治九年（1870 年），拱桥中间建有飞阁凉亭，也即廊桥。廊桥在 1953 年因破败而被拆除。1970 年，全桥被洪水冲毁。——译者注

图 518 四川万县万州桥。大连市亚东印画协会拍摄。

图 519 河南洛阳县天津桥。关野贞博士拍摄。

河南洛阳县天津桥

天津桥位于洛阳南边的洛河上。隋炀帝定都洛阳时，洛河自西向东贯穿洛阳城，势如银河，故架设浮桥，称为天津桥。唐太宗时用石块堆出桥墩，宋朝初年重修时，又以巨石建成极为牢固的桥。当年桥长约五百尺（166.67 米），以石灰石构建成排的桥拱，现在仅有一座桥洞保存在河中。（关野贞）

浙江绍兴县东湖秦桥

东湖位于绍兴东南，原本是古时采挖凝灰岩留下的矿坑。现在是一方位于断崖峭壁下的细长水池，与亭榭、楼台、石桥相映成趣，堪称一处胜景。秦桥由单拱石桥与三孔桥组成，单拱石桥高大，三孔桥由平石梁逐渐架高而成，桥身低矮。桥的一头建有小亭，更添一分情趣，与四周明媚的风光浑然一体。（关野贞）

图 520 浙江绍兴县东湖秦桥。关野贞博士拍摄。

江苏吴县枫桥

枫桥位于苏州郊外[①]的寒山寺附近，因《枫桥夜泊》一诗而闻名于世，但枫桥本身只是一座普通的桥，采用的是南方最为常见的单拱石桥形式。（关野贞）

① 郊外是指作者成书当时的情况。现在寒山寺位于市区。——译者注

图 521 江苏吴县枫桥。大连市亚东印画协会拍摄。

图 522 江苏苏州城内的桥其一。大连市亚东印画协会拍摄。

江苏苏州城内的桥其一

苏州地区的河道纵横交错、大小不一，行人多乘船出行，交通状况与意大利威尼斯非常相似。图 522 所示风景为其中一例，有趣的是，河两岸的房屋之间竟然架有桥梁，让观者宛如身在威尼斯一般。（伊东忠太）

江苏苏州城内的桥其二

图 523 也是苏州城内的一座桥，桥拱弯曲度极大，造型简洁，显示出非常熟练的工艺。桥上有座楼阁，设计大胆。（伊东忠太）

图 523 江苏苏州城内的桥其二。大连市亚东印画协会拍摄。

第十三章 碑碣

第一节 山东

山东曲阜县文庙汉孔宙碑

孔宙碑宽三尺三寸五分五厘（1.12 米），厚六寸（0.20 米），高十尺一寸（3.37 米）。此碑保存于曲阜孔庙同文门内，造于东汉延熹七年（164 年），上部宽阔，立于方趺——有斜面的基石——之上。石碑头部呈半圆形，刻有称为“晕”（碑晕）的图案，下有称为“穿”（碑穿）的圆孔，圆孔左右阴刻篆书“有汉泰山都尉孔君之碑”，下方碑面以八分书[①]刻碑文。以往研究认为，古人将棺材埋于墓穴时，会在墓穴两旁竖碑，由此发展成石碑。碑穿用来支撑辘轳的轴，人们用绳子连接棺材，将绳子的一端绑在碑上，为了防止绳索滑落，碑上刻有小沟，称为碑晕。当时的碑是为了记录死者的事迹，但石碑上的碑晕和碑穿则作为一种形式永久地保存下来了。（关野贞）

图 524 山东曲阜县文庙汉孔宙碑。关野贞博士拍摄。

① 带有明显波磔特征的隶书。——译者注

山东曲阜县文庙鲁孔子庙碑

鲁孔子庙碑碑身宽三尺七分（1.02米），厚八寸三分五厘（0.28米），高七尺七寸二分（2.57米）。此碑建于曹魏黄初元年[①]（220年），同样位于曲阜孔庙同文门内。碑立于具有宽阔斜面的方趺之上，碑身上窄下宽，头部成三角形，胸部有碑穿，碑穿之上三角头的中央位置刻有六字篆书“鲁孔子庙之碑”，分两行。碑穿下方碑面上刻有八分书碑文。根据学者们以往的研究，这种形式的石碑源于院子里用来捆绑祭祀用的牲畜的木柱，尖锐的头部有利于排水，碑穿本是将牲畜捆绑在石碑上的孔。（关野贞）

图525 山东曲阜县文庙鲁孔子庙碑。关野贞博士拍摄。

① 另有说建于黄初二年（221年）。——译者注

山东曲阜县文庙汉孔褒碑

汉孔褒碑碑身宽三尺三寸四分（1.11 米），厚七寸八分（0.26 米），高八尺九寸（2.97 米）。此碑立于东汉中平元年（184 年），同样位于曲阜同文门內。碑身立于方趺之上，方趺略呈內弯状，碑身也有碑晕和碑穿。碑穿上方题有八分书“汉故豫州从事孔君之碑”十个字，分成两行。碑穿下方的碑身上刻有八分书碑文，比较常见。（关野贞）

图 526 山东曲阜县文庙汉孔褒碑。关野贞博士拍摄。

图 527 山东曲阜县文庙汉孔彪碑。关野贞博士拍摄。

山东曲阜县文庙汉孔彪碑

汉孔彪碑碑身宽三尺二寸七分（1.09 米），厚八寸八分（0.29 米），高九尺三寸四分（3.11 米）。此碑建于东汉建宁四年（171 年），同样位于孔庙同文门內。碑身立于方趺之上，斜面坡度稍大，呈內弯状。石碑头部碑晕左右分布，和图 526 石碑相比，碑晕更加形式化。此碑有碑穿，碑穿上刻有两行篆书“汉故博陵太守孔府君碑”，共十字。（关野贞）

图 528 山东曲阜县北魏张猛龙碑。关野贞博士拍摄。

山东曲阜县北魏张猛龙碑

张猛龙碑碑身宽三尺（1米），厚八寸二分（0.27米），高七尺五寸（2.50米）。此碑保存于孔庙同文门內，造于北魏正光三年（522年），所立方趺有斜面，碑头扁圆形，边缘处列有两个龙头，左右相背，身体纠缠，如同绳子一样，互相盘在一起。內有方形碑额，上有阴刻正楷十二字“魏鲁郡太守张府君清颂之碑”。碑头位置的龙非常奇特，带有古朴童稚之气，既遵循了汉朝的形制，又开创了螭首的先驱。（关野贞）

山东滋阳县北魏兖州贾使君碑

图 529 山东滋阳县北魏兖州贾使君碑。关野贞博士拍摄。

贾使君碑碑身宽二尺八寸五分（0.95 米），厚六寸八分（0.23 米），高约七尺（2.33 米）。此碑保存于兖州孔庙戟门内，造于北魏神龟二年（519 年），碑身上有方形碑额，两边各有双龙首，龙身缠绕在碑头位置，形成轮廓。石碑的设计不够紧凑，略显幼稚，但螭首的样式展现出其发展过程，相当有趣。（关野贞）

图 530 山东曲阜县文庙大金重修至圣文宣王庙碑。关野贞博士拍摄。

山东曲阜县文庙大金重修至圣文宣王庙碑

此碑位于曲阜县文庙奎文阁后方的碑阁内，与下文介绍的宋碑并立一处，造于金朝明昌二年（1191 年）。碑身立于龟趺之上，罩有螭首。螭首宽阔低矮，碑额大，雕镌较浅，略有孱弱之感。篆额刻有“大金重修至圣文宣王庙之碑”，三行十二字。龟趺（图531）颇有雄丽之风。碑身宽五尺二寸（1.73 米），厚一尺七寸一分（0.57 米），包括地上部分螭首在內，通高约二十三尺（7.67 米）。（关野贞）

图 531 山东曲阜县文庙大金重修至圣文宣王庙碑龟趺（右后）。关野贞博士拍摄。

山东曲阜县文庙大宋重修兖州文宣王庙碑

此碑在图 531 石碑左侧，也立在龟趺之上。螭首与唐碑相比，更宽更矮，碑额颇大。此碑周边及三角状碑头部位刻有花纹，碑额內有篆书“大宋重修兖

图 532 山东曲阜县文庙大宋重修兖州文宣王庙碑。关野贞博士拍摄。

图533 山东曲阜县文庙大宋重修兖州文宣王庙碑龟趺(左前)。关野贞博士拍摄。

州文宣王庙碑铭”十二字，刻成四行。龙的雕刻手法颇为雄劲，有着不同于唐碑的风格。作为宋朝初年的代表作，制作技巧明显优于旁边的金朝碑，龟趺也颇具雄豪之气。碑身宽四尺三寸五分（1.45米），厚一尺二寸一分（0.40米），地上部分通高约二十尺（6.67米）。（关野贞）

第二节 其他

江苏南京梁始兴忠武王碑

此碑碑身宽五尺一寸(1.70 米),厚一尺五寸(0.50 米)，高约十四尺（4.67 米）。梁始兴忠武王萧憺字僧达,是梁武帝的第十一子,薨于普通三年（522 年）。此碑立于墓前神道左侧（面朝墓地时位于右手边），龟趺埋于土中，现仅能见到背上的一部分。石碑头部为圆形，四周刻龙，龙身左右互相缠结，如同绳子一般，龙头垂向地面，这是汉朝风格的残留。碑额为长方形，阴刻十七字楷书“梁故侍中司徒骠骑将军始兴忠武王之碑”，其下有属于汉碑遗风的碑穿。碑身刻龙，将碑额及碑穿夹住，碑穿下方雕刻莲花宝珠及火焰纹，碑身周边刻有忍冬纹[①]的浅浮雕。此碑为南朝样式的代表作，技法精湛，设计飘逸，装饰风格遒劲，颇有可观之处。（关野贞）

---

① 魏晋南北朝流行的一种植物纹，一般为三叶片或多叶片。——译者注

图 534 江苏南京梁始兴忠武王碑。关野贞博士拍摄。

晋张朗碑[①]

东汉时期，造碑之风盛行，但西晋武帝于咸宁四年（278 年）诏令禁止在墓前立石兽和碑表之后，造碑现象便急速减少。可能是因为这一原因，流传至今的石碑多为汉碑，晋碑极为稀少。当时，因为不能在墓前立碑，所以人们往往雕刻小型石碑，藏于墓室之內，张朗碑便是其中一例。

此碑体积很小，头部为圆形，虽然刻有碑晕，但下端有龙头，且省略了碑穿。因为此时的碑已经不再放在墓旁，所以这些部分日益形式化。碑额位于碑晕內，以八分书刻“晋故沛国相张君之碑”，三行九字。据碑文记载，张朗为汉朝张良的子孙，卒于西晋永康元年（300 年），其子于同年十一月修墓，将此碑立于墓室內。此年距离颁布立碑禁令的咸宁四年不过二十二年时间，禁令仍然有效，因此其子不得不将碑藏于墓穴中。此碑规模虽小，但它是观察当时石碑形制的宝贵标本。（关野贞）

右图 >
图 535 晋张朗碑。藏于大仓集古馆。

① 此碑 1916 年出土于洛阳后营林，后归日本大仓集古馆，1924 年地震中碎裂，文字大半残缺。——译者注

晋故沛國相張君之碑

图 536 河南登封县北魏中岳嵩高灵庙碑。关野贞博士拍摄。

河南登封县北魏中岳嵩高灵庙碑

此碑碑身宽三尺二寸九分（1.10 米），厚七寸七分（0.26 米），高七尺五分（2.35 米），螭首高约二尺三寸（0.77 米）。此碑造于北魏太安二年（456 年），碑身下方趺石可能和石碑建于同一时期，但现在已经埋在地下，只能看到顶部，且破损较多，正面似乎刻着龙，但不是很清楚。碑首略呈扁圆状，狭窄的轮廓带內部浮雕是两条龙，相对伸爪，龙身在顶部互相缠绕，颇有古趣。轮廓带內部还有长方形碑额，上面阳刻八字篆书“中岳嵩高灵庙之碑”，其下有汉朝形制的碑穿。（关野贞）

直隶正定县隋龙藏寺碑

此碑保存在正定龙兴寺佛香阁前砖砌的小屋內，造于隋开皇六年（586 年）十二月五日，螭首颇为雄伟，但设计尚有不足之处，说明此时正处于形成唐代风格的过渡期。方形碑额內题有楷书“恒州刺史鄂国公为国劝造龙藏寺碑”，碑身也刻有楷书铭文。（关野贞）

图 537 直隶正定县隋龙藏寺碑。关野贞博士拍摄。

图 538 河南登封县北齐碑楼寺刘碑。关野贞博士拍摄。

河南登封县北齐碑楼寺刘碑

此碑安置在碑楼寺佛殿内，造于北齐天保八年（557 年），方趺上有美丽的小佛龛和忍冬纹。螭首颇为雄劲，内部刻有佛龛，有释迦、两罗汉和两菩萨像。碑身中央刻有稍大的佛龛，中间刻释迦，左右刻两罗汉和两胁侍菩萨，其上有一小龛，左右各有三小龛，内刻佛像和菩萨像等。技法颇为精湛，石碑背面有螭首，内有二佛并坐龛，其下列有七座小佛龛，再下方中央为香炉，左右并排刻有供奉人物。

碑两侧浮雕奇异的云气和螭龙纹，上有三尊佛像，下方刻瑞兽。（关野贞）

图 539 河南登封县北齐碑楼寺刘碑侧面纹样。关野贞博士拍摄。

陕西礼泉县唐李勣碑

图540 陕西礼泉县唐李勣碑。关野贞博士拍摄。

李勣墓为唐太宗昭陵的陪冢，此碑立于李勣墓前，规模颇大，下有龟趺，上刻螭首。碑身宽五尺九寸五分（1.98米），厚一尺八寸三分（0.61米），含螭首在內通高约十八尺（6米）。龟座宽六尺五寸六分（2.19米），进深二尺三寸八分（0.79米）。龟长九尺九寸（3.30米）。本碑是唐朝初年最大的石碑，同时也是代表当时艺术水平的最佳标本。螭首的结构已经达到完美的境界，气势雄丽。碑额內刻有十六字篆书“大唐故司空上柱国赠太尉英贞武公碑”，分成四行四列。碑身侧面有华丽且刚劲的云雾、唐草纹，上有兽首，碑身刻有唐高宗亲笔书写的行草体碑铭。龟趺虽然很大，但手法颇为简朴，背甲上刻有甲骨文。（关野贞）

直隶正定县
唐清河郡王纪功碑

此碑位于今正定城内，造于唐代宗永泰二年（766 年），由龟趺、碑身、螭首三部分组成，龟趺地上部分高四尺一寸五分（1.38 米），长十四尺六寸（4.87 米），由整块大石雕刻而成。碑身宽七尺八寸六分（2.62 米），厚二尺三寸（0.77 米），含螭首在内通高二十四尺（8 米），极其高大，是笔者所知中国现存最大的石碑。

龟趺颇为庞大，龟的头部和四脚略带写实风格，背上刻有甲骨文，碑身侧面最早刻有花纹，现在几乎已经全部磨灭。螭首非常雄伟，中央位置斜向刻出两肩，碑额长方形，刻有篆书“大唐清河郡王纪功载政之颂”，三行十二字。碑文为楷书，与碑文篆书同为王士则所作。（关野贞）

图 541 直隶正定县唐清河郡王纪功碑。关野贞博士拍摄。

陕西西安慈恩寺大雁塔大唐三藏圣教序碑

慈恩寺大雁塔由玄奘法师于唐永徽三年（652年）所建，是一座五层砖塔，最上层建有石室，南面立有太宗及高宗御撰的大唐三藏圣教序及序记碑。后来本塔逐渐破败，于长安年间（701—705年）进行了改建，成为现在的七层砖塔。第一层南面入口左右各有宽四尺八寸四分（1.61米）、深九尺二寸（3.07米）的小屋，沿着它的后墙，东有圣教序碑，西有圣教序记碑，两碑形状、尺寸相同，以黑色大理石制成，立于方趺之上。碑身下宽上窄，上方有释迦、两罗汉、两菩萨和两天王像，下方有三仙人，均为高浮雕，左右边缘刻有雄浑瑰丽的宝相花纹，碑身上托螭首。东面的圣教序碑碑额题有八字隶书“大唐三藏圣教之序”，碑身刻有褚遂良楷书和唐太宗所撰序文。此碑技法精湛，在唐初碑中地位颇高。碑身底边宽三尺三寸（1.10米），高五尺八寸七分（1.96米），趺石宽一尺八寸四分（0.61米），高一尺三寸七分（0.46米）。（关野贞）

右图 >
图542 陕西西安慈恩寺大雁塔大唐三藏圣教序碑。关野贞博士拍摄。

右图 >
图 543 陕西西安碑林唐大智禅师碑。关野贞博士拍摄。

陕西西安碑林唐大智禅师碑

此碑造于开元二十四年（736 年）九月十八日，碑文由严挺之撰写，开元时代八分书及隶书第一大家史惟则书写并篆额。碑身宽四尺（1.33 米），厚一尺二寸三分（0.41 米），含螭首在內通高十一尺一寸五分（3.72 米），现保存于西安府碑林內。螭首左右各排列三条龙，龙嘴吐气，互相缠绕，后爪举起，将坐佛像托于云中，这种设计在他处未曾见过，非常新颖。中央位置的碑额边缘也雕刻云龙，顶部三角形內有一尊坐佛，样式很特别，脱离了常见的规范，设计上非常大胆，工艺也很精湛，展现出豪放且华丽的风格。碑身左右侧面有精美的浮雕宝相花，其间有菩萨、骑狮仙童、瑞鸟和迦陵频伽等图案，设计构思之华美，制作手法之精湛，堪称唐碑中的极品。（关野贞）

大唐故大智禪師碑
大唐故大智禪師碑銘并序

图 544 陕西西安碑林唐大智禅师碑侧面纹样局部。关野贞博士拍摄。

图 545 陕西西安碑林唐大智禅师碑侧面纹样局部。关野贞博士拍摄。

图 546 山东济宁县文庙元重修尊经阁碑。关野贞博士拍摄。

山东济宁县文庙元重修尊经阁碑

此碑立于济宁文庙尊经阁前，造于元朝至元三年（1266 年）六月。碑身立于龟趺之上，碑身上方另有螭首，螭首较高，碑额左右有双龙戏珠图案。此碑虽然源于唐朝风格，但略有变化。龙的雕刻手法不够紧凑，不免给人孱弱之感。（关野贞）

山东济宁县文庙元重修尊经阁碑龟趺

这座龟趺是图 546 石碑的一部分。从龟的头部到背甲，都略带写实风格，颇有品位，应当视为元朝时期的优秀作品。（关野贞）

图 547 山东济宁县文庙元重修尊经阁碑龟趺。关野贞博士拍摄。

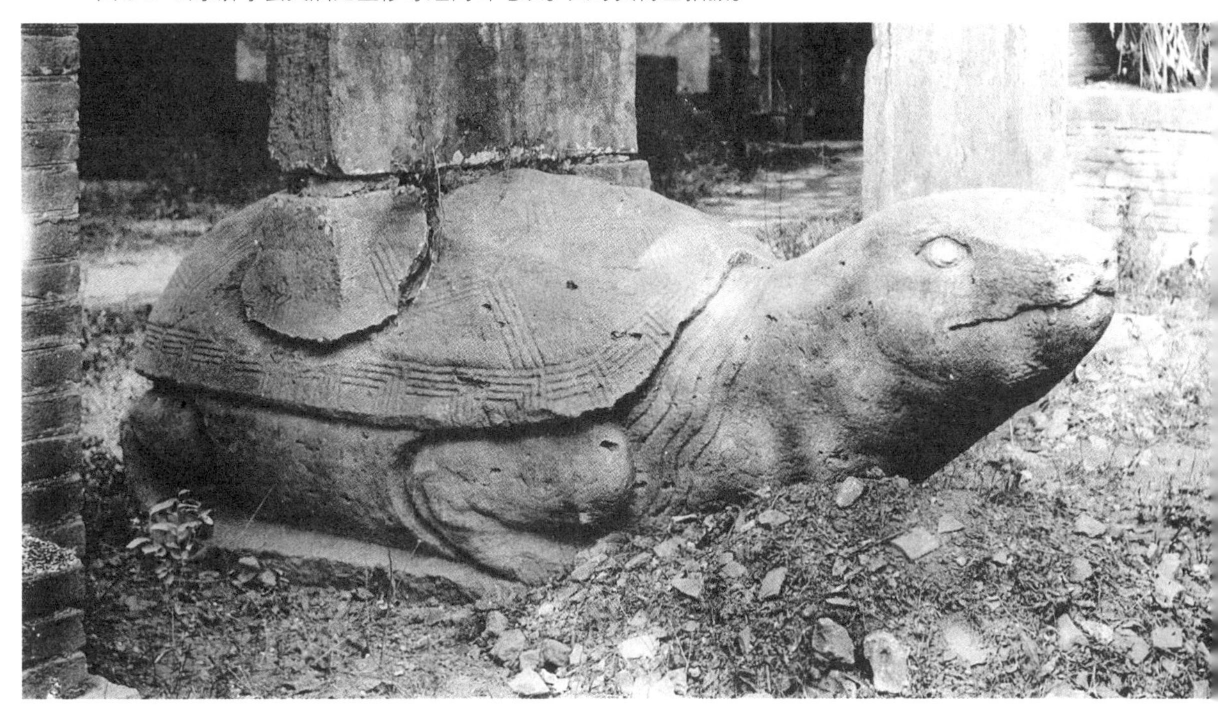

图 548 山东曲阜县文庙清重建阙里孔子庙碑。关野贞博士拍摄。

山东曲阜县文庙清重建阙里孔子庙碑

此碑位于曲阜县文庙奎文阁后方。螭首上部为圆角长方形，碑额也是长方形，左右有双龙夺珠的高浮雕图案。螭首双肩棱角突出，非常破坏美感。碑身周围刻有雄丽的半浮雕云纹。龟趺的手法非常精巧，但缺少雄壮之气。龟趺下方有低矮的基石，上面刻有浅浮雕波纹。此碑建于清朝康熙三十二年（1693 年），碑身宽六尺八寸五分（2.28 米），厚一尺六寸（0.53 米），龟趺长十二尺五寸（4.17 米），通高约二十五尺（8.33 米）。（关野贞）

河南登封县少林寺唐太宗御书碑

此碑[1]位于嵩山少林寺大雄殿前庭东面，造于开元十六年（728年），立于高高的方趺之上，上托螭首，碑身宽四尺五寸（1.50米），厚一尺二寸六分（0.42米），含螭首在內通高约十三尺（4.33米）。方趺长五尺七寸五分（1.92米），宽四尺二寸九分（1.43米），地上部分高二尺六寸五分（0.88米）。螭首极其雄浑瑰丽，碑额內刻有“太宗文皇帝御书”七个字，可知碑文为唐太宗亲笔书写。碑额空白处装饰精巧的纹样，碑身周围浮雕宝相花，內部上方为唐太宗[2]亲笔诏书，内容为赏赐柏谷坞给少林寺，下方刻有骑瑞兽的天将，作品优美秀丽，在唐碑中独树一帜。趺石中央有二人捧香炉，左右刻有神王及其他人物，螭首极其雄劲，篆额刻四行二十字，內容为“唐故开府仪同三司尚书右仆射司徒卫景武公碑”，碑侧上方有瑞兽口衔兽首，下方垂下雕饰的云气和唐草纹。雄浑瑰丽的气象将唐朝初年的艺术精髓表现得淋漓尽致。（关野贞）

---

① 俗称李世民碑。——译者注

② 此处及下方“唐太宗”，原书作“玄宗”，疑有误，故更正为唐太宗。——译者注

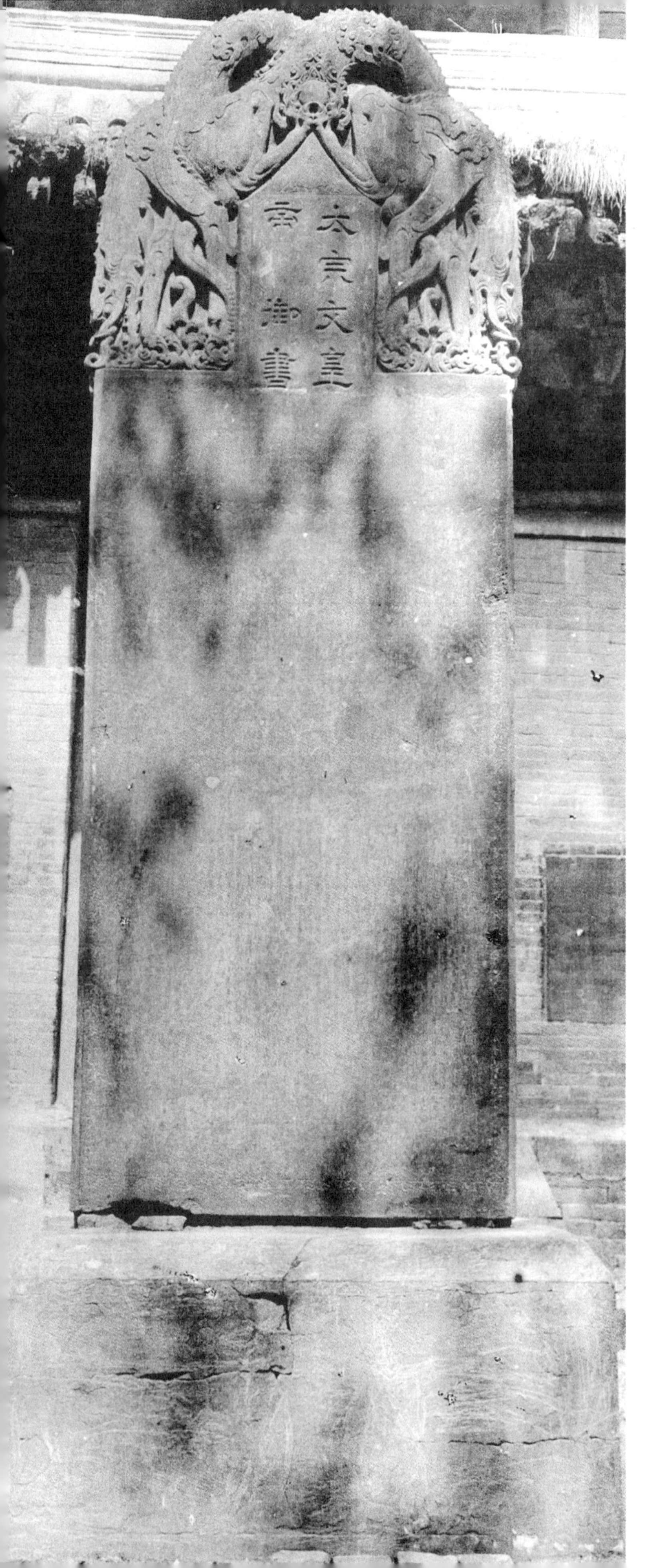

图 549 河南登封县少林寺唐太宗御书碑。关野贞博士拍摄。

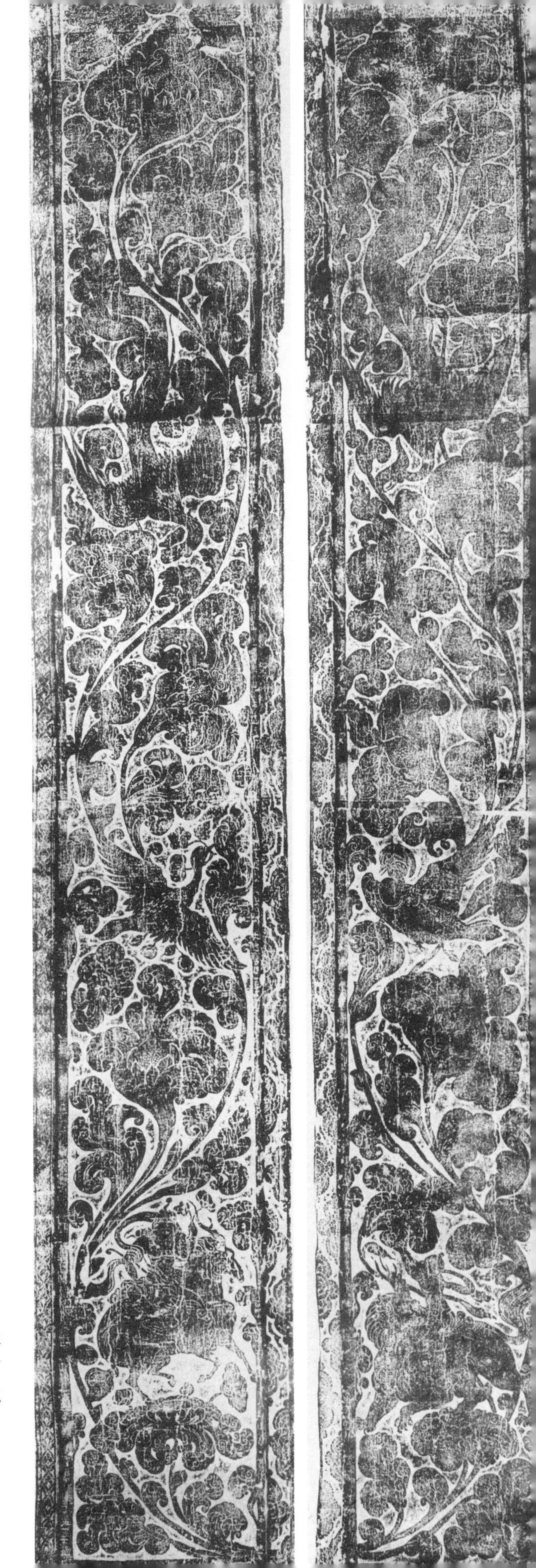

图 550—551 河南登封县少林寺唐太宗御书碑侧面纹样拓本。藏于东京帝国大学建筑学部教室。

陕西礼泉县唐李靖碑
侧面纹样局部

此碑位于唐太宗昭陵的陪冢——李靖墓前，规模和样式与上文李勣碑不分伯仲，但此碑缺少龟趺。此碑的螭首极其雄劲，碑侧的雕饰尤其值得一观。上方有瑞兽口衔兽首，下方垂下雕饰的云气和唐草纹，体现出雄浑瑰丽的气势。此碑为唐高宗显庆三年（658年）所造。（关野贞）

图552 陕西礼泉县唐李靖碑侧面纹样局部。关野贞博士拍摄。

陕西西安碑林唐隆阐法师碑侧面纹样局部

此碑位于西安碑林内，题有“大唐实际寺故寺主怀奉勅赠隆阐大法师碑铭并序”，螭首损坏过半，但碑侧刻有颇为华丽的宝相花纹。此碑建于唐玄宗天宝二年（743 年）十二月十一日，碑身高五尺六寸（1.87 米），宽三尺一寸（1.03 米），厚八寸六分（0.29 米）。（关野贞）

图 553 陕西西安碑林唐隆阐法师碑侧面纹样局部。关野贞博士拍摄。

陕西西安碑林唐大德因法师碑

此碑位于西安碑林內，螭首极其雄浑瑰丽，侧面所刻纹路与上文记录的李靖碑样式一脉相承。此碑上部刻有兽首，其下有云气、唐草纹的浅浮雕，底部有相对的两只狮子。与李靖碑相比，此碑略少一点豪迈之气。图 554 为图 555 全拓图的局部。此碑造于唐高宗龙朔三年（663 年）十月十日，宽三尺四寸八分五厘（1.16 米），厚九寸一分五厘（0.31 米），通高十尺三寸三分（3.44 米）。（关野贞）

图 554（左） 陕西西安碑林唐大德因法师碑侧面纹样局部。关野贞博士拍摄。

图 555（右） 陕西西安碑林唐大德因法师碑侧面纹样拓本。关野贞博士收藏。

陕西西安碑林唐邠国公功德碑

此碑亦保存于西安碑林內，虽然螭首已经损坏，但碑侧有极为华丽的雕饰，左右宝相花纹內浮雕神将，上方浮雕瑞兽和灵鱼，气势磅礴，富丽堂皇，是碑侧雕饰的压卷之作。此碑造于唐穆宗长庆二年（822年）十二月一日，碑身宽四尺一分（1.37米），厚一尺（0.33米），高约八尺（2.67米）。图556为其碑侧全拓本，图557为下方部分拓本。（关野贞）

图556 陕西西安碑林唐邠国公功德碑侧面纹样拓本。关野贞博士收藏。

图 557 陕西西安碑林唐邠国公功德碑侧面纹样局部拓本。关野贞博士收藏。

陕西西安碑林唐玄宗皇帝御注孝经碑

此碑又称石台孝经，保存于西安碑林一座大型亭子內。石碑平面方形，下有台石，碑身置于台石上，碑身上方安有题额石，上置石盖，全部以打磨过的

图 558 陕西西安碑林唐玄宗皇帝御注孝经碑。关野贞博士拍摄。

图 559—560 陕西西安碑林唐玄宗皇帝御注孝经碑台座纹样局部拓本。关野贞博士收藏。

黑色大理石制成。台石宽六尺七寸七分八厘（2.26 米），进深六尺七寸一分（2.24 米），高一尺四分（0.35 米），四面各有凹形两块，凹形內部有瑞兽和宝相花的浅浮雕。碑身由四块大石组成，宽四尺二分（1.34 米），进深四尺三寸五厘（1.45 米），高十尺八寸五分（3.62 米）。可能只用一块石头制作这样大的石碑很困难，所以才用四块组成。碑面刻有唐玄宗御制序并加注的《孝经》，字也是唐玄宗书写。

碑身上部托有题额石。题额石中央辟方形碑额，左右瑞兽相对，云气奔涌而出，以高浮雕刻出。题额为太子李亨[①]所书篆书“大唐开元天宝圣文神武皇帝注孝经台”十六字。题额石上有巨大的盖石，上面浮雕层云汹涌的图案。宝顶刻山岳形状，从地面至宝顶通高十六尺四五寸（5.47—5.50 米）。

石台孝经与以往的碑碣相比，别开生面，规模宏大，手法雄豪，技法精湛，实为唐碑中的杰作。（关野贞）

① 即后来的唐肃宗。——译者注

河南登封县唐嵩阳观碑

此碑位于登封县嵩阳书院前，造于唐天宝三年（744 年），所刻铭文为李林甫所撰，徐诰书写。此碑形制特别，与西安碑林中的玄宗御注孝经碑并列为中国最杰出的碑石作品。方趺四面有奇特的方格，其间有鬼形高浮雕，方格及长方形缘石上刻有宝相花、狮子、童子等，技法精湛，非其他作品可比。碑身侧面也刻着美丽的宝相花，內有狮子和凤凰等。方形碑额左右刻龙，侧面刻麒麟，背面阳刻虎形图案，盖顶石的碑檐內部刻云纹，顶上刻的是托举起来的双龙珠。本碑设计独特，手法精当，极好地表现了初唐气势。碑身宽六尺七寸五分（2.25 米），厚三尺四寸五分（1.15 米），通高约二十七尺（9 米）。（关野贞）

图 561 河南登封县唐嵩阳观碑。关野贞博士拍摄。

陕西西安文庙皇元加圣号诏碑

此碑位于西安文庙大成殿正面月台西侧。碑身上部刻有元大德十一年（1307 年）孔子加封圣号的诏书，四周雕刻云龙，下方有皇庆三年（1314 年）五月十三日赵世廷所作的碑文，周围阳刻宝相花纹。此碑建于皇庆二年（1313 年）。螭首为唐宋形制，雕刻较深，颇有雄丽之风。龟趺虽然不大，但背甲、头、四脚都非常写实。碑身宽四尺四寸九分（1.50 米），厚一尺三寸一分（0.44 米），地上部分通高约十六尺（5.33 米）。（关野贞）

图 562 陕西西安文庙皇元加圣号诏碑。关野贞博士拍摄。

图 563 江苏南京明太祖孝陵神功圣德碑。关野贞博士拍摄。

江苏南京明太祖孝陵神功圣德碑

此碑位于明太祖孝陵神道上的碑亭内。龟趺高约五尺五寸（1.83 米），长约十四尺（4.67 米），基座石高一尺（0.33 米），碑身宽约七尺（2.33 米），厚约二尺三寸（0.77 米），含螭首在內通高约二十尺（6.67 米），是中国现存最大的石碑之一。方形碑额內刻有篆书“大明孝陵神功圣德碑”，九字三行，另刻有“永乐十一年九月十八日孝子嗣皇帝棣谨述”，可知此碑造于永乐十一年（1413 年）。螭首碑额左右有双龙争夺碑额上方宝珠的图案。螭首略小，龙缺少雄伟之风，但龟趺颇为大气，展现了明朝初年的艺术特色。（关野贞）

图 564 北京昌平县明长陵明楼内成祖文皇帝碑。关野贞博士拍摄。

北京昌平县明长陵明楼内成祖文皇帝碑

此碑立于明成祖（永乐帝）长陵明楼内，样式较为简单，下有基座，上有螭首。基座腰部略窄，上下的凹形上有描绘莲花的痕迹，但并无任何雕饰。可能当时全部为涂色装饰，后世几乎完全剥落所致。碑的头部为横向较长的长方形，双肩略圆，中央有长方形碑额，四角圆形，形状偏小。碑额内阳刻“大明”二字，碑身刻有“成祖文皇帝之陵”七字，碑身底色涂红，所有文字全部覆盖金箔。（关野贞）

北京昌平县明长陵碑亭内清顺治碑趺

明成祖长陵红门内东侧有碑亭，亭内有石碑，碑上用满文和汉文两种文字刻着清朝顺治十六年（1659年）十一月颁布的保护陵殿的诏谕。龟趺似鳌形，龙头长双角，长尾夹在后爪间，全身刻鳞甲，下有山岳状图案，巨大的方形基石表面有波涛纹样的浮雕。龟趺的样式非常新颖，前所未见。（关野贞）

图565 北京昌平县明长陵碑亭内清顺治碑趺。关野贞博士拍摄。

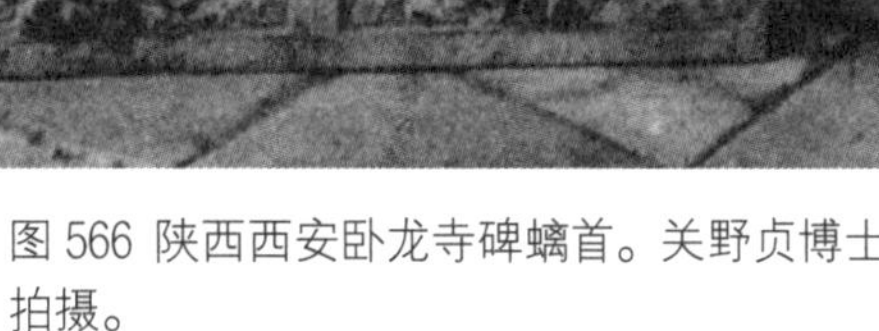
图 566 陕西西安卧龙寺碑螭首。关野贞博士拍摄。

图 567 陕西西安卧龙寺碑螭首。关野贞博士拍摄。

陕西西安卧龙寺碑螭首

光绪二十六年（1900 年）庚子事变爆发时，慈禧太后与光绪帝一同临幸西安府，慈禧太后下旨赏赐国库白银给卧龙寺以重修庙宇。为纪念此事，寺庙内立有寺僧碑，并先建造了两座螭首。笔者在 1906 年到访此处时，螭首还放置在此地。它们是清朝末年艺术风格的标本。图 566 的二龙戏珠图案是宋元以来传统的形式，但刻画过于精巧。另外，中央的碑额四周刻成匾额状，非常少见。碑额内阴刻正楷“圣旨”二字，龙下刻波涛，下面两块凹形内阳刻花草。图 567 的头部为圆形，四周狭窄，内有三龙夺珠的浮雕图案，手法新颖。中央碑额内刻有楷书“留芳”二字。下面左右两块凹形内有供玩赏的器物的浮雕图案。（关野贞）

陕西西安文庙碑

康熙帝御制孔子赞碑及颜子赞碑排列在西安文庙大成殿东面。孔子赞碑（左侧）造于康熙二十五年(1686年),颜子赞碑造于康熙二十八年(1689年)。孔子赞碑的螭首和龟趺都保存完好，碑身宽三尺九寸七分（1.32米），厚一尺三寸二分（0.44米），含螭首在内通高约十四尺（4.67米），螭首的风格源于唐式，但工艺颇为拙劣。碑身下方刻波涛纹路，侧面有云龙浅浮雕。龟趺背上刻甲骨文，长八尺三寸五分（2.78米），高二尺一寸（0.70米）。此碑虽然并非佳作，但也是清朝中期同类作品中的代表作。

颜子赞碑和孔子赞碑的样式及手法相似，规模稍小，碑身宽三尺二寸（1.07米），厚一尺二分（0.40米），含螭首在内通高约十尺（3.33米）。（关野贞）

图 568 陕西西安文庙碑。关野贞博士拍摄。

第十四章 园林

图 569 北京皇城西苑内墙壁。原照片藏于东京帝室博物馆。

第一节 北京

北京皇城西苑内墙壁

北京西苑內的园林建筑中，有不少潇洒灵动或富于奇思妙想的建筑 。图 569 为其中一例。曲折的墙壁上辟有形状各不相同的窗戸，设计之大胆，令人称奇。窗戸形状从左侧依次有圆形、木瓜形、倒葫芦形、扇面形，还有瓶形、立葫芦形、梨形、鸡心形等各种轮廓，不过这些都是寓意吉祥的图案，并非为了猎奇。（伊东忠太）

北京皇城西苑太液池南海中的亭子

图 570 为西苑南海中的亭子。中央是方形的主建筑，向四边伸出，主建筑有歇山顶式三角形抱厦，次建筑有歇山顶式弓形抱厦，结构合理，景致独特。（伊东忠太）

图 570 北京皇城西苑太液池南海中的亭子。原照片藏于东京帝室博物馆。

北京皇城西苑太液池北海琼华岛

西苑北海的琼华岛上，秀丽的山丘与广阔的湖面相映成趣，碧蓝色的湖面衬托着朱漆楹柱的长廊，形成了绝好的风景。山丘顶上高耸的白塔，仿佛在号令太液池畔的大小建筑一般。岛內树木郁郁葱葱，四季常青，景致无与伦比，只可惜荒废日久，昔日的美景已损毁殆尽。（伊东忠太）

图 571 北京皇城西苑太液池北海琼华岛。原照片藏于东京帝室博物馆。

图 572 北京某处庭园。关野贞博士拍摄。

北京某处庭园

图 572 为北京上流宅邸的后花园，用堆积的石头模仿岩石形状，搭建走廊亭榭，以石级相连，其间种植花木以增添情趣，凡此种种，皆为中国园林的特色。（关野贞）

图 573 北京某处庭园。关野贞博士拍摄。

图 574 北京某处庭园。关野贞博士拍摄。

图 575 北京皇城西苑瀛台园林中的小亭子。原照片藏于东京帝室博物馆。

北京皇城西苑瀛台园林中的小亭子

图 575 是流杯渠上的小亭子，就建筑而言并无奇特之处，不过屋顶的曲线略显异常，在四周的环境中显得非常突出。水渠既不是所谓的国字流杯渠，也不是风字流杯渠，而是一种打破常规的变异形式，设计来源不详。（伊东忠太）

图 576 浙江杭州先贤祠九曲桥。关野贞博士拍摄。

第二节 其他

浙江杭州先贤祠九曲桥

风景如画的杭州西湖中有座小小的孤岛，上面立有先贤祠。先贤祠正面有一座九曲石桥，桥上有一座平面为三角形的小亭子，又有稍高一点的桥将亭子连接起来。石桥旁的池水中立有造型有趣的太湖石，设计富于变化，为四周的景色平添了一分情趣。（关野贞）

图 577 浙江杭州先贤祠九曲桥。关野贞博士拍摄。

浙江杭州先贤祠卍字亭

走过上文介绍的九曲桥，再往前走，路的右边有一座亭子。亭子的平面为卍字形，围绕着带有简单万字格的高栏，墙装托架上雕有简单雷纹，屋顶装饰一种雷纹透雕垂饰，內部天井撑着纱绫形席子，外观极为洒脱，周围到处都是类似太湖石的石头。（关野贞）.

图 578 浙江杭州先贤祠卍字亭。关野贞博士拍摄。

河南登封县崇福宫泛觞亭址

崇福宫在登封县城往北五里嵩山南麓的一处荒园中。现在此处只剩下泛觞亭的遗址，也就是以前的曲水遗迹①。基座边长十五尺五寸（5.17米），高二尺五寸（0.83米）左右，全部以砖砌成，仅缘石使用大理石。基座石上凿有水渠，始于北面右侧，曲折盘旋于亭子中，形成一种图案，再绕回到北面左侧，连通外部。水渠入口和出口处的宽度均为五寸二分（0.17米），入口深四寸三分（0.14米），出口和入口深度仅仅相差三分（0.01米），水渠全长约三十五尺（11.67米），水流应该颇为缓慢。

基座四角有柱础，推测曾有一座亭子建于砖砌基座上，每边面阔一间，四面开放，上有四面攒尖层顶，大理石地面上通有曲水渠。亭子的规模出人意料地小，仅能容纳七人饮酒赋诗。亭子东北约四十五米处有座小庙，庙内有泉井，井水极为清冽，虽盛夏亦不干涸，据传为从前泛觞亭的水源。（关野贞）

---

① 曲水流觞是中国古代汉族民间的一种传统习俗，后来发展为文人墨客诗酒唱酬的一种雅事。夏历的三月上巳日，人们举行祓禊仪式之后，坐在河渠两旁，在上流放置酒杯，酒杯顺流而下，停在谁的面前，谁就取杯饮酒，意为除去灾祸不吉。——译者注

图 579 河南登封县崇福宫泛觞亭址。关野贞博士拍摄。

第十五章

石窟

第一节 敦煌石窟

甘肃敦煌石窟千佛洞第120N窟前室

前秦建元二年(366年),沙门乐僔开始在敦煌开凿石窟,历经北魏、东魏、唐、五代，建造了数百座石窟。其中，北魏时期建造了十几座。图580是汉学家伯希和先生[①]所说的第120N[②]窟右壁前方，并排的入口上方的莲花拱装饰忍冬纹，入口左右两边下方绘有天部像，左右也有很多小佛像和菩萨像，洞壁上部还有一列略大一点的三尊佛。三尊佛下方刻有造像铭，两边画供奉人物像。造像铭显示铭文为西魏大统四年(538年)和大统五年(539年)所刻,因此这些壁画应当造于此时。壁画为中印度样式，加入了很多中国元素。

① 伯希和（Paul Pelliot），法国著名汉学家、探险家。——译者注
② 本节石窟编号为伯希和编写。——译者注

图580 甘肃敦煌石窟千佛洞第120N窟前室。出自伯希和《敦煌石窟》。

图 581 甘肃敦煌石窟千佛洞第 120N 窟天井。出自伯希和《敦煌石窟》。

甘肃敦煌石窟千佛洞第 120N 窟天井

图 581 为第 120N 窟的天井。四壁向中间内弯，中央区域呈方形，方形区域内，横梁重叠在四角及平面上，形成天井形状，这种天井结构显然受到了中印度的影响。方形区域的中心位置画有莲花，横梁下端和三角形区域分别绘有花纹装饰。这个方形区域展示了天盖的内表面，四周画有垂帐纹路，四角画有悬挂着中国式玉佩及宝铎的图案。内弯状墙装托架表面上，绘有雷公、龙虎、凤凰和忍冬纹等极为雄劲奇特的曲线，体现出飞舞活跃的气势。其他壁面上画有伏羲、女娲、怪神和飞天等图案，这些图案中加入了丰富的中国元素。下方壁面上的佛菩萨图案和前文介绍的壁面相比，样式更加古老，但却很少出现中国元素，由此可见，这可能是经中亚地区传来的佛教艺术与中国本土的传统式样相融合形成的作品，年代上或许属于北凉时代（430 年前后）。（关野贞）

甘肃敦煌石窟千佛洞第 111 窟右壁

图 582 为第 111 窟右壁。下方并列着带莲花拱的佛龛，每龛各有三尊佛。左侧龛的两边有柱子，柱子的方头上有莲花拱，下端有龙形。右边方龛左右有圆柱，柱子头部包裹布匹，莲花拱下端支撑忍冬纹，莲花拱表面绘有旋转忍冬纹，洞壁上部中央位置有三佛龛，两端各有容纳一尊弥勒菩萨像的佛龛。屋顶右边有角梁和平梁，露出梁架结构。上下层佛龛之外的壁面描绘了很多供养菩萨像。佛龛、壁画和装饰的样式较之北魏风格更为古老，它们或许也是北凉时代的作品。（关野贞）

右图 >
图 582 甘肃敦煌石窟千佛洞第 111 窟右壁。出自伯希和《敦煌石窟》。

甘肃敦煌石窟千佛洞第 103 窟内部

图 583 为第 103 窟内部。后方有方形的內室，前方左右位置有细长的门廊状建筑。內阵中央位置留有方形洞壁结构，四面开凿佛龛，四壁有千佛，上部排列小佛龛。平棋天井的方格间重叠角梁和平梁，形成天井图案。前室的边缘处有三世佛，天井露出屋顶內部。木棍之间画有小佛像及唐草纹。虽然难以判断准确的建筑年代，但它们显然是北凉和西魏时期的作品。（关野贞）

图 583 甘肃敦煌石窟千佛洞第 103 窟内部。出自伯希和《敦煌石窟》。

图 584 甘肃敦煌石窟千佛洞第 51C 窟内部。出自伯希和《敦煌石窟》。

甘肃敦煌石窟千佛洞第 51C 窟内部

敦煌千佛洞遗存的数百座石窟大部分为唐代开凿，内部绘有华丽的壁画，并且安放有秀丽的佛教塑像。图 584 为第 51C 窟内部的场景。正面设佛龛，腰壁列有供养人画像。佛龛左侧壁画有菩萨像，其相对的右侧壁画有净土变相图。天井中央高，四边低，上有千佛，极为优雅、华美。这些可能是唐朝所建。（关野贞）

图 585 甘肃敦煌石窟千佛洞第 63 窟内部。出自伯希和《敦煌石窟》。

甘肃敦煌石窟千佛洞第 63 窟内部

图 585 为第 63 窟内部，此窟应该也是唐朝初年的作品。中央有释迦坐像，左右为胁待两菩萨、两罗汉和两天王像。四壁画有净土变相和菩萨像等，天井中央高，四面低，画着千佛像。（关野贞）

甘肃敦煌石窟千佛洞第117窟内部

图586为第117窟内部图，正面残存华丽的光背，但佛像和胁侍像已经散佚。后壁绘有五台山图，天井中央高，四面低，天井斜面绘千佛像，墙角部分绘四大天王像。天井的方形顶部做成天盖形状，四周装饰着垂帐纹路，体现了极为华美的晚唐情趣。此石窟腰壁绘有供养妇人像，旁边用墨书写“大朝大于阗国天册皇帝第三女天公主李氏为新受大传曹延□[①]姬供养”，可能为于阗国所建。（关野贞）

① 此处缺字有称其为“禄”字。——译者注。

图 586 甘肃敦煌石窟千佛洞第 117 窟内部。出自伯希和《敦煌石窟》。

图 587 甘肃敦煌石窟千佛洞第 8 窟天井。出自伯希和《敦煌石窟》。

甘肃敦煌石窟千佛洞第 135C 窟天井

图 588 为第 135C 窟天井中央天盖装饰的局部和下方的部分斜面。天盖内有华美的宝相花装饰，按照常规，四周画垂帐图案，下方斜面部位画有佛菩萨群像及宫殿图案。（关野贞）

图 588 甘肃敦煌石窟千佛洞第 135C 窟天井。出自伯希和《敦煌石窟》。

图 589 甘肃敦煌石窟千佛洞第 81 窟天井。出自伯希和《敦煌石窟》。

甘肃敦煌石窟千佛洞第 81 窟天井

图 589 为第 81 窟天井的中央天盖装饰部位。其內面为平棋天井图案，格子间画莲花，下方有斜向飞檐图案，飞檐之间画有立佛菩萨像，下部画垂帐图案。样式和日本法隆寺金堂的天盖相似，可能为晚唐时期所作。（关野贞）

第二节 云冈石窟

山西大同县云冈石窟第 2 窟内的中心塔柱

云冈曾是北魏的都城，位于大同（古称平城）西面约三十里处，天然的崖壁上开凿了数百座大小不等的石窟，从东端算起，重要的石窟被依次命名为第 1 窟、第 2 窟等。图 590 为第 2 窟内部中央位置的三层佛塔，塔顶有天盖连接天井。建成时各层用角柱支撑斗拱和人字形虾蟆股，上面托住屋顶，现在下层和第二层的构件已经散佚。屋盖内部刻有椽木形状，外部仿盖瓦造型。各层塔身都有莲花拱或梯形拱佛龛，刻有一佛、二佛并坐和三尊佛，塔的外形虽有缺失，但它记录了北魏开凿石窟时的木塔外观，并且能够为细节部位的建筑手法提供参考资料。（关野贞）

右图 >
图 590 山西大同县云冈石窟第 2 窟内的中心塔柱。关野贞博士拍摄。

图 591 山西大同县云冈石窟塔洞内部五层塔。塚本靖博士拍摄。

山西大同县云冈石窟塔洞内部五层塔

此塔洞开凿位置接近云冈石窟西端，塔洞内部中央位置凿出五层塔，一直留存至今。第一层平面边长六尺六寸（2.20 米），塔身最初立于基座上，如今基座已经毁损殆尽。各层均用柱子隔出五间，塔身向上逐层递减，结构平衡。塔身使用方柱、三支斗拱和虾蟆股支撑带圆椽的屋檐，屋盖仿铺瓦样式。这座塔同样保留了北魏时代木构建筑的风格。（关野贞）

山西大同县云冈石窟第 6 窟南壁东侧的佛龛

云冈石窟第 6 窟开凿于北魏孝文帝时期，规模之大，雕饰之华丽，堪称云冈石窟第一窟。图 592 为石窟內部南壁东端第二层佛龛及其下方的四块佛传浮雕。端庄秀丽的佛像，遒劲有力的光背、莲花拱面上华丽的飞天、化佛、供养人和仙人，凡此种种，无不展示出非凡的技术水平。上方排列着过去七佛[①]的小佛龛，左右有五层宝塔，塔顶各有三层相轮。雄劲的忍冬纹下方，可以看见四块佛传图。中间两块为太子出北门遇沙门图，以及太子下定决心出城、离开后妃的情景。右端一块画的是出城的部分情况。总之，佛龛及其周围的雕刻都是瑰丽的作品，设计丰富，技法精湛，实为千古奇观。（关野贞）

① 指释迦佛及其出世前所出现之佛，共有七位。即毗婆尸佛、尸弃佛、毗舍浮佛、拘留孙佛、拘那含牟尼佛、迦叶佛与释迦牟尼佛。——译者注

图 592 山西大同县云冈石窟第 6 窟南壁东侧的佛龛。关野贞博士拍摄。

图 593 山西大同县云冈石窟第 19 窟左胁洞入口东方的壁龛。关野贞博士拍摄。

山西大同县云冈石窟第 19 窟左胁洞入口东方的壁龛

云冈石窟第 16—20 窟这五座大型佛窟是云冈石窟中最先开凿的。北魏文成帝和平元年（460 年），僧人昙曜禀奏皇帝，请求为太祖以下五位皇帝建造五大石佛。第 19 窟由中央主洞和左右两胁洞组成。图 593 即左胁洞入口东壁。壁面上刻出大小不一的层层佛龛，各龛內有佛菩萨像。这些佛龛上方装饰莲花拱和梯形拱，带有犍陀罗风格的余韵，从中可以看出两种文化的交融，颇为有趣。（关野贞）

山西大同县云冈石窟第 10 窟前室

关于云冈石佛寺的创建时间，据《大清一统志》记载，北魏明元帝神瑞年间（414—416 年）动工，至北魏孝明帝正光年间（520—525 年），历经百年方才完工。据《魏书》记载，北魏文成帝兴安二年（453 年），僧人昙曜奏请皇帝修建石窟。而《山西通志》则记载称魏高宗时，僧人昙曜奏请于城西武州开凿岩壁，建五座佛像，最高者七十尺（23.33 米），次高者六十尺（20 米），雕饰之奇伟，冠绝一世。

根据这些文献可以大致确定石窟开凿的年代。石佛寺的洞窟虽然数量众多，但其中仅一座洞窟中有北魏孝文帝太和七年（483 年）的一篇造像铭。

另外，《山西通志》记载："后魏景明初，大长秋卿白整，准代京灵岩寺石窟寺，为高祖文明太后营石窟二所，于伊阙山。"观此可知，龙门石窟或许是参照云冈灵岩寺石窟寺所造。这样一来，这座洞窟将成为中国现存最古老的石窟，先于河南巩县石窟及龙门石窟建成。

拥有如此悠久历史的珍贵遗迹，却在光绪年间（1875—1908 年）被天镇城的乡村工匠用拙劣的手法重修，并涂上彩色，外观变得颇为庸俗，真是一大憾事。（塚本靖）

右图 >
图 594 山西大同县云冈石窟第10窟前室北壁西面。塚本靖博士拍摄。

图 595 山西大同县云冈石窟第 10 窟前室西壁。塚本靖博士拍摄。

图 596 山西大同县云冈石窟第 11 窟天井。塚本靖博士拍摄。

图 597 山西大同县云冈石窟第 12 窟天井。塚本靖博士拍摄。

图 598 山西大同县云冈石窟第10窟内阵入口上窗。关野贞博士拍摄。

山西大同县云冈石窟第10窟内阵入口上窗

云冈石窟第10窟由前室和后室两部分组成。前室通往后室（内阵）的通道上方刻有须弥山，上方还有一个小建筑。须弥山下部刻盘龙，山谷间多有树木和飞禽走兽，小建筑左右有菩萨和供养人。须弥山山顶表面有菩萨飞天雕饰，上方支撑莲花拱，再往上有栏杆，样式与日本法隆寺金堂的栏杆相似，镶简单雷纹窗，内有六列拱，拱内各有音声菩萨[①]像，拱与天井相连。室内侧面也刻有大小不等的佛龛，拱内顶端中央位置，莲花四周围绕飞天，其设计之富丽堂皇，令人赞叹。（关野贞）

① 吹奏笛子或笙的仙人。——译者注

山西大同县云冈石窟第9窟内阵入口

云冈石窟第9窟位于石佛寺内，由前后两室组成，中间入口处有颇为华丽的装饰。竖棂与门楣上的忍冬纹里点缀着飞天，四处布满莲花高浮雕。上方中央位置的博山炉左右各有四尊飞天，作悬挂宝饰状。排列三斗虾蟆股，庑殿顶，仿铺瓦屋盖，屋檐处露出圆椽，屋脊两端有鸱尾，屋脊上交错刻有火焰纹和凤凰。（关野贞）

图599 山西大同县云冈石窟第9窟内阵入口。关野贞博士拍摄。

山西大同县云冈石窟第 11 窟西壁

云冈石窟第 11 窟同样位于石佛寺内。其平面接近方形，南面宽二十九尺九寸（9.97 米），前后长三十三尺六寸（11.2 米）。石窟中央有一块大型石壁，东西长二十尺八寸（6.93 米），南北长十九尺一寸（6.37 米），四面刻三尊佛。石窟四壁刻满大小佛龛和千佛，极其华美绚丽。东壁上部有北魏太和七年（483 年）的造像铭，可以推知开凿这座石窟的准确年代。图 600 展示了石窟西壁上的大小佛龛。佛龛顶部有些为莲花拱，有些为梯形拱，都装饰着飞天化佛。龛内安放释迦或弥勒像，墙壁中部有屋盖状，下有七尊立佛，极为壮观。（关野贞）

右图 >
图 600 山西大同县云冈石窟第 11 窟西壁。关野贞博士拍摄。

图 601 山西大同县云冈石窟第 12 窟前室西壁。关野贞博士拍摄。

山西大同县云冈石窟
第 12 窟前室西壁

云冈石窟第 12 窟位于第 11 窟的西边，可能同样开凿于北魏太和年间（477—499 年）。第 12 窟由前后两室组成，前室东西长二十六尺三寸五分（8.78 米），南北长十四尺二寸五分（4.75 米），正面立有两根柱子，将其分成三间，左右壁上施有华丽的雕饰。图 601 展示了西壁上部的模样。西壁分为上下两层，下层排列大小两座佛龛，上层建有面阔三间的佛殿建筑，以八角形柱和大斗支撑屋梁，梁上虾蟆股呈兽形，造型怪异。中间的虾蟆股两旁有凤凰，设计巧妙，风格雄浑，古往今来未有能与之比肩的作品。屋檐有圆椽，庑殿式仿铺瓦屋盖，正脊两端立有鸱尾，中央安放迦楼罗。迦楼罗和鸱尾之间放置火焰纹，左右垂脊上也立有凤凰。宫殿的柱子之间刻有佛像，上梁下方，飞天手持宝饰，供养人飘于空中，刻有璎珞，两端刻胁侍菩萨立像。秀丽的佛菩萨和飞天雕刻自不待言，建筑的细节雕饰也异常精美。（关野贞）

第三节 龙门石窟

河南洛阳龙门石窟第3窟（宝阳洞）本尊

此石窟位于龙门潜溪寺内，从样式看应当开凿于北魏时代，在龙门的北魏石窟中规模最大，雕饰最为壮丽。石窟南北长三十六尺六寸（12.20米），东西长三十三尺五寸（11.17米），后壁刻有本尊、两罗汉和两菩萨，左右壁上各立三尊佛。图602为左壁（北面）的三尊佛和中央的左胁侍。佛菩萨像的姿势、面相和衣裳襞褶，体现了北魏风格，与日本飞鸟时代（592—710年）的作品存在密切联系。雕像脚下莲花座上莲花瓣的雕刻方法、本尊光背上的忍冬纹和火焰纹、天井四周的绣帐等，也无不和日本飞鸟时期的艺术存在渊源。（关野贞）

图 602 河南洛阳龙门石窟第 3 窟（宝阳洞）本尊。早崎稉吉[①] 拍摄。

---

① 早崎稉吉，日本画家兼考古学家。——译者注

河南洛阳龙门石窟第 3 窟（宝阳洞）天井

龙门石窟第 3 窟的天井大体呈椭圆形，中心位置刻有双重瓣的大莲花，周围点缀飞天和云纹，外围有绣帐图案，这些在图 602 中的上方可以看到，下方为中央本尊光背顶部的火焰纹。（关野贞）

图 603 河南洛阳龙门石窟第 3 窟（宝阳洞）天井。关野贞博士拍摄。

河南洛阳龙门石窟第 13 窟（莲花洞）南壁

此石窟又称伊阙洞，俗称莲花洞，是龙门的北魏石窟中的重要作品之一。石窟宽二十尺二寸（6.73 米），进深三十尺九寸（10.30 米），后方呈半圆形，刻有释迦、两菩萨和两罗汉立像，右壁凿出大小佛龛。图 604 为石窟南壁（右面）的局部图。从整体上看，南壁有三层佛龛，内有佛菩萨或罗汉像，顶上为莲花拱，左右刻金刚力士像，拱面有火焰纹及飞天像等，四周镌刻垂帐纹路、众多小佛、罗汉菩萨像和小佛龛，颇为华丽。这些佛龛中多有永熙二年（533 年）、武平八年[①]、正光六年（525 年）、天保八年（557 年）、长安□年等北魏、北齐和唐初的铭文，也就是说，这座石窟开凿于北魏时代，其后陆续增加了很多雕刻。（关野贞）

右图 >
图 604 河南洛阳龙门石窟第 13 窟（莲花洞）南壁。关野贞博士拍摄。

① 原文如此，疑似有误。武平年间（570—576 年）共 7 年，没有武平八年一说。——译者注

图 605 河南洛阳龙门石窟第 13 窟（莲花洞）。塚本靖博士拍摄。

河南洛阳龙门石窟第 13 窟（莲花洞）

莲花洞是龙门石窟中的优美作品，仅次于老君洞和宝阳洞。莲花洞的天井里有一块巨大的莲花雕刻，因而得名。洞窟始凿的准确年代难以确定，但洞內最古老的造像铭为北魏孝明帝正光八年[①]所作，因此这座洞窟的始凿时间应当在此之前。另外，洞內除了正光八年的铭文之外，还有孝昌、建义、永熙、天保、武平、长安、乾化等年号的铭文，这些小龛和佛像显然是分批雕刻的。图 605 为洞內南壁的局部，位于六朝铭文附近，布局井然有序，由此推测它可能是洞窟刚开凿时的作品，从中可以窥见当时的审美趣味。（塚本靖）

① 原文如此，疑似有误。正光年间（520—525 年）共 6 年，没有正光八年一说。——译者注

图 606 河南洛阳龙门石窟第 21 窟（老君洞）北壁局部。塚本靖博士拍摄。

河南洛阳龙门石窟第 21 窟（老君洞）

老君洞又名古阳洞，是龙门石窟各洞窟中开凿时间最早的，拥有很多精美的雕刻。洞內最古老的铭文为北魏太和七年（483 年）所写，由此可知老君洞应当始建于太和七年之前。

洞內安放本尊弥勒菩萨，两侧有胁侍菩萨，正面立有一对狮子，墙面凿有大量佛龛，內有佛像，辅之以密集的雕刻。这些文物非常适合用来观察六朝时代的建筑、装饰和风俗。

此洞窟开凿后，到唐朝初年时，地面被往下挖掘数尺，壁面有雕痕及较晚时代的铭文。洞內铭文除上述太和年间（477—499 年）以外，还有景明、正始、永平、延昌、熙平、神龟、正光、孝昌、永熙、天平、大统、武定、武平、总章、咸亨、长安等年号，据此看来，这座洞窟中的佛龛前后跨度长达三百余年。（塚本靖）

图 607 河南洛阳龙门石窟第 21 窟（老君洞）南壁上部。塚本靖博士拍摄。

图 608 河南洛阳龙门石窟第 21 窟（老君洞）南壁局部。塚本靖博士拍摄。

河南洛阳龙门石窟
第21窟（老君洞）南壁中央部位

图609为龙门石窟第21窟南壁西侧中下层的局部。中层的大龛（面对时在右手侧）內有交脚弥勒坐像,左右立有胁侍菩萨像。本尊座下两旁刻狮子像,龛顶重叠莲花拱和梯形拱，上有浮雕化佛和飞天等。这座佛龛的东面左侧有一座佛殿形式的龛，內有三尊佛，佛殿有斗拱和虾蟆股，歇山顶屋盖，正脊两端有鸱尾，中央立瑞禽，其下有三层塔。其他大小佛龛鳞次栉比，此处不再赘言。这些作品都造于北魏时代。（关野贞）

右图>
图609 河南洛阳龙门石窟第21窟（老君洞）南壁中央部位。关野贞博士拍摄。

河南洛阳龙门石窟第 21 窟（老君洞）北壁下层佛龛

图 610 为龙门石窟第 21 窟北壁下层一座佛龛西侧的顶部雕饰。佛龛的莲花拱中有梯形拱，下方有宝饰及垂帐图案，拱面和空白处浮雕佛、菩萨、飞天、瑞兽头等，手法极为精巧华丽。这些是北魏时代的作品。（关野贞）

图 610 河南洛阳龙门石窟第 21 窟（老君洞）北壁下层佛龛西侧。关野贞博士拍摄。

图 611 河南洛阳龙门石窟第 21 窟（老君洞）北壁下层佛龛东侧。塚本靖博士拍摄。

图 612 河南洛阳龙门石窟第 20 窟（药方洞）正面。关野贞博士拍摄。

河南洛阳龙门石窟第 20 窟（药方洞）正面

龙门石窟第 20 窟始凿于北魏时期，入口左右两侧刻有药方，故俗称药方洞。唐朝时期石窟正面曾改建。入口上方有碑，以力士支撑，碑顶刻蟠龙。不知何故，碑面上未刻一字，碑左右阳刻飞天，入口左右有高浮雕天王像，颇有雄豪之气。窟內刻有北魏时代的本尊、两罗汉和两菩萨像，壁面有很多唐永徽元年（650 年）、显庆四年（659 年）等唐高宗时期刻铭的小佛龛，因此可以推测石窟正面应当改建于这一时期。（关野贞）

图 613 河南洛阳龙门石窟第 10 窟的五层佛塔。关野贞博士拍摄。

河南洛阳龙门石窟第 10 窟的五层佛塔

龙门石窟第 10 窟（俗称跪狮窟）的外部南壁刻有五层佛塔，高约七尺八寸（2.60 米），第一层下方刻有佛弟子李保妻杨许愿的铭文，缺少铭文年代。窟内小佛龛有唐高宗和武则天时期的刻铭，因而此塔应该营造于这一时期。塔的建造手法颇为简单。（关野贞）

第四节 巩县石窟

河南巩县石窟寺第 5 窟北壁

河南巩县净土寺又称石窟寺、石佛寺，寺內有几处石窟，开凿年代不详。北魏宣武帝景明年间（500—503 年），有凿石造佛、石窟相连的记载，可能寺庙成于此时。石窟內外有普泰、大统、天平、天保、河清、天统、龙朔、乾封、总章、咸亨、延载、久视等年代的铭文，由此可知，石窟开凿后两百余年间，小龛和佛像才陆续制作完成。（塚本靖）

图 614 河南巩县石窟寺第 5 窟北壁。塚本靖博士拍摄。

图 615 河南巩县石窟寺第 2 窟天井。关野贞博士拍摄。

河南巩县石窟寺第 2 窟天井

石窟寺第 2 窟同样始凿于北魏时代，东西长十五尺七寸五分（5.25 米），南北长十五尺八寸（5.27 米），入口宽五尺四寸（1.80 米），中央位置留有宽五尺七寸三分（1.91 米）、进深五尺四寸一分（1.80 米）的壁体，直达天井，四面各造两层佛龛，每龛各有三尊佛。图 615 中天井中央壁体周围刻平棋天井纹路，格子间浮雕飞天、莲花和忍冬纹等，格子边缘的交叉点到处刻有小莲花纹，天井周围四壁上部有垂帐纹样，壁面贴有塑土制作的千佛。（关野贞）

第五节 天龙山石窟

山西太原天龙山石窟第 2 窟天井西侧飞天

天龙山位于太原县县城西南三十里处，分为东峰和西峰，山下有一座小庙，名为天龙寺，又名圣寿寺。天龙山石窟始凿于北齐时代，之后一直陆续开凿至隋唐时代，流传下来的石窟中，重要的就有二十四座。

第 2 窟成于北齐时代，位于东峰的东端，宽八尺一寸五分（2.72 米），进深八尺四寸五分（2.82 米），內部东、西、北三面洞壁各凿有佛龛，佛龛內外刻有佛菩萨及其他小佛像。四壁斜向上弯曲，中央合为方顶，四面有飞天、云纹和双莲的浅浮雕，方顶內刻有莲花。飞天的面貌和姿势吸收了北魏的样式，天衣随风飘动，颇有灵动之美。（关野贞）

右图 >
图 616 山西太原天龙山石窟第 2 窟天井西侧飞天。关野贞博士拍摄。

山西太原天龙山石窟第 2 窟后壁佛龛

图 617 为天龙山石窟第 2 窟北壁，中央佛龛內有本尊释迦像，趺座于方座上，身后有光背，龛上部有宝盖，刻有绣帐垂下和帷幕收起的图案。绣帐图案让人想起日本法隆寺金堂的天盖。佛龛左右壁上刻有胁侍菩萨立像，上面各并列三尊小坐佛。（关野贞）

图 617 山西太原天龙山石窟第 2 窟后壁佛龛。关野贞博士拍摄。

图 618 山西太原天龙山石窟第 16 窟及第 17 窟正面。原照片藏于东京帝国大学工学部建筑学教室。

山西太原天龙山石窟第 16 窟及第 17 窟正面

天龙山石窟第 16 窟位于西峰断崖上约二十尺（6.67 米）高处，石窟正面设有拜殿，有两根八角柱，柱顶用大斗支撑梁，其上置有三斗。梁中央同样有三斗，三斗之间有人字形虾蟆股，支撑辅助横梁及圆横梁，上方再托住向前突出的屋檐。从这两根柱子、斗拱和虾蟆股的建造手法可以看出当时木构建筑的样式。斗拱下方有一种皿板状凸字形，连续內弯状曲线的凸字形组成了肘状承衡木的末端轮廓。这里的人字形虾蟆股与日本法隆寺金堂高栏中的结构外形相似，值得关注。洞窟的入口上方为莲花拱，两端柱头上有凤凰，左右刻有二神将像。这座石窟从样式上来看，应该开凿于隋朝。（关野贞）

图 619 直隶磁县南响堂山石窟第 7 窟正面。大连市亚东印画协会拍摄。

第六节 响堂山石窟

直隶磁县南响堂山石窟第 7 窟正面

南响堂山位于磁县彭城镇的一座寺庙后，山崖上凿有上下两层石窟，下层是第 1 窟和第 2 窟，上层是第 3 窟至第 7 窟（共 5 座）。其中第 7 窟又称千佛洞，位于上层最西端，正面建有拜殿，拜殿前方以四根八角柱分成三间。中央一间柱上有莲花拱，拱面中间浮雕宝塔，宝塔左右为供养天人像。两侧两间的中央梁上与中央一间相同，架设三斗，上面支撑屋檐横梁，屋檐刻成圆椽造型。柱顶有莲花宝珠，躯干部也刻有莲花绕带。石窟的入口建有拱门，左右內边浮雕美丽的忍冬纹，外边浮雕云气纹，两旁的龛內有天王像高浮雕。本石窟的开凿年代比前文介绍的石窟要古老得多，可能属于北齐时代的作品。（关野贞）

河南武安县[①]北响堂山石窟第 4 窟

北响堂山位于鼓山山腰，武安县义井里的一座寺庙后面。此处有几座石窟，以北齐开凿的三大窟为中心，另有四小窟和四座小龛。第 4 窟又称大佛洞（据常盘大定博士研究），开凿于北齐时代，宽三十九尺（13 米），深三十七尺四寸（12.47 米），中央留有纵横三尺（1 米）多的壁体挖掘遗迹，正面左右两侧各刻出三尊佛。

石窟左右壁各凿五座佛龛，前后壁各凿一座佛龛。图 620 为后壁左端（面对时右手一侧）的佛龛，图 621 为前壁右端（面对时左手一侧）的佛龛。

前者位于腰壁上，左右两柱用生翼怪兽支撑，柱头刻宝珠火焰纹，柱身刻带状，上有莲花，柱面浮雕云气和唐草纹，柱间采用莲花拱及收起的帷幕形状。上方的横梁中央也刻有宝珠和火焰纹，后方球盖的顶上，有三支浅浮雕宝珠莲花图案，这种手法相当罕见。

后者的样式和手法与前者完全相同。图 602 主要展示其局部细节，下方腰壁上的格子透雕內部可以看到部分浅浮雕装饰。（关野贞）

---

① 今河北武安县。——译者注

图 620 河南武安县北响堂山石窟第 4 窟东侧南端佛龛。大连市亚东印画协会拍摄。

图 621 河南武安县北响堂山石窟第 4 窟西侧北端佛龛。大连市亚东印画协会拍摄。

河南武安县北响堂山石窟第 1 窟佛龛

第 1 窟位于石窟群的最东端，规模很小，开凿于隋大业年间（605—618 年）。图 622 中的小佛龛在壁面上，呈小型殿堂形状，有球形盖，入口托有莲花拱，龛內刻本尊坐像、两罗汉立像和两菩萨立像。佛龛下方中央位置香炉左右两侧刻一对狮子，龛檐有印度风格的花纹及风铎，球盖顶上刻有开敷莲华，中央伸出小杆，以链条图案连接左右角，每根链条上各挂三个风铎。（关野贞）

图 622 河南武安县北响堂山石窟第 1 窟佛龛。大连市亚东印画协会拍摄。

图 623 河南武安县北响堂山石窟第 2 窟外壁佛龛。大连市亚东印画协会拍摄。

河南武安县北响堂山石窟第 2 窟外壁佛龛

第 2 窟毗邻第 1 窟西侧，是一座大型石窟，外部右侧岩壁有武平三年（572 年）特进骠骑大将军唐邕发愿镌刻的《弥勒成佛经》和发愿文。发愿文上方凿有小佛龛，龛上部刻有酷似日本法隆寺金堂天盖的垂帐及收起的帷幕，龛內有三尊高浮雕佛像，垂帐上方刻出花纹及屋盖，左右阳刻飞天和供养人。（关野贞）

河南武安县北响堂山石窟第 2 窟拱门雕刻纹样

此雕刻位于第 2 窟入口拱门左右侧壁，左右边缘刻连珠纹，内有极为华丽的忍冬纹浮雕，最大限度地展现出北齐时代的特色。（关野贞）

图 624—625 河南武安县北响堂山石窟第 2 窟拱门雕刻纹样。大连市亚东印画协会拍摄。

图 626—627 河南武安县北响堂山石窟第 2 窟壁碑侧面纹样。大连市亚东印画协会拍摄。

河南武安县北响堂山石窟第 2 窟壁碑侧面纹样

第 2 窟入口旁边有壁碑，文字为唐万岁通天二年（697 年）所刻。壁碑侧面有北齐或隋朝时期风格的蟠龙云气纹雕饰。但即使是唐朝初年的作品，应该也沿袭了北齐或隋朝时期的风格。（关野贞）

图 628 四川广元县千佛崖。伊东忠太博士拍摄。

四川广元县千佛崖

四川广元县城外的古代蜀栈道中有石窟寺，俗称千佛崖，为唐代遗迹[①]，保存较好。洞窟规模不大，数量也不过十多座，但其艺术价值极大。图 628 为其中一例。窟內的佛、菩萨和诸天等雕刻极为精巧和优秀。此处一座五层塔的浮雕可以为考察唐代建筑的样式提供参考。（关野贞）

① 千佛崖始凿于北魏晚期，兴盛于唐朝，止于清代，历经上千年。——译者注

第十六章 杂项：经幢、钟、砖、瓦当

图 629 山东泰安县冥福寺的大经幢。关野贞博士拍摄。

第一节 经幢

山东泰安县冥福寺的大经幢

冥福寺[①]位于泰安的西北处，殿前立有二对经幢，均为后晋时期（936—947 年）所建。后排左侧经幢最大，制作也最为精良，故收录于本书。此经幢高约二十尺（6.67 米），和下文嵩里山的经幢样式几乎相同，但它的技巧更胜一筹。基座腰部狭窄，上下宽大，基座上方刻有扁平的莲花座，支撑八角幢柱。幢柱用四块石头垒成，各面刻陀罗尼经。幢柱上方托有装饰兽头和悬花宝盖，其上有莲花座，座上立八角柱，八角柱各面有浮雕立佛，柱顶上支撑盖石，盖石上刻宝珠莲花座。基石角落雕刻狮子作为装饰，这座石雕经幢总体结构完整，细节手法秀美，是五代时期最为优秀的经幢之一。（关野贞）

① 又名资福寺，始建于唐开元年间（713—741 年），1947 年被拆毁，今已无存。——译者注

山东泰安县蒿里山的经幢

此经幢立于泰安蒿里山[①]上，建于后晋天福九年（944 年）。八角基座上刻有华丽的莲花座，莲花座的腰部有茄子形凹陷部分，内部浮雕迦陵频伽。莲花座上高耸八角形幢柱，幢柱各面刻陀罗尼经，上托宝盖，其上又有莲花座、八角柱和盖石，八角柱各面阳刻立佛像。经幢通高约二十尺（6.67 米），规模庞大，制作精良。（关野贞）

① 又名高里山，为古代帝王的禅地之所，曾建有规模宏大的蒿里山神祠。——译者注

图 630 山东泰安县蒿里山的经幢。关野贞博士拍摄。

直隶行唐县封崇寺的经幢

此经幢为汉白玉制，高数丈，八角六层，最底层刻《佛顶尊胜陀罗尼咒》，有莲花座。经幢八角装饰莲花，下置狮子像，上刻天盖、狮子和迦陵衔罗环、牵花带。下方阳刻凤凰和飞天，上方有双层莲瓣装饰，支撑第二层。第二层八面凿龛，内刻佛像，龛下有铭文，有佛像、龙、人和马等雕刻。屋顶及转角的样式与下层相似，附有飞鸟和迦陵频伽装饰，屋顶朝下的一面有莲花装饰。第三层也有莲花座，四面凿龛，龛内有立佛像，四角刻铭，罩子朝下的一面有莲花装饰。罩子的八角凸起似城楼状，各面有建筑造型及人物装饰。第四层和下面三层的风格完全不同，为龙缠绕巍峨的岩石图案。岩石四处凿龛，刻佛像。第五层又是八角形，四面有假门，其余没有假门的四面刻假窗，上有屋顶，下有莲花座。第六层（最高层）和第四层相似，无棱角，雕刻盘龙图案，上有方形屋顶，顶上托宝球。此经幢设计富于变化，虽然没有年代铭，但可能是唐朝初年的作品。（塚本靖）

图 631 直隶行唐县封崇寺的经幢。塚本靖博士拍摄。

直隶房山县云居寺南塔下的经幢

此经幢位于房山县云居寺南塔的下方，建于辽天庆八年（1118 年），八角石柱上刻有《大辽涿鹿山云居寺续秘藏石经塔记》，文中提到南塔下埋藏着石经。经幢立于八角基座上，八角七层，基座刻瑞兽、神仙、飞天、迦陵频伽和莲花，技法华丽。基座上形态丰腴的莲花座，支撑着如幢柱一般细长的塔身，上有七层屋盖，顶上托着四层莲花座，宝珠已经散佚。经幢雕饰精练而华美，为辽代罕见的优秀作品。（关野贞）

图632 直隶房山县云居寺南塔下的经幢。关野贞博士拍摄。

直隶顺德府[①] 东大寺的经幢

东大寺即开元寺，这里有一座尊胜陀罗尼经幢。这座经幢上部缺失，无法得知全貌，但它是中国最古老的经幢之一，样式手法稳健而巧妙。经幢下部为八角柱，平面边长一尺一寸（0.37米），从雕刻手法等方面来看，应当属于唐代[②]。（伊东忠太）

① 此处原文附图部分误将直隶顺德府，错标为广东顺德县。——译者注

② 图633中经幢建于后梁时期，位于河北邢台开元寺内，如今尚存，缺损严重。——译者注

图633 直隶顺德府东大寺的经幢。伊东忠太博士拍摄。

直隶正定县
隆兴寺东侧的经幢

此石质经幢立于正定县隆兴寺东面，上下由八角柱组成，经幢上方用隶书题“大金国河北西路真定府都僧录改授广惠大师舍利经幢铭”，下方刻有铭文及序。基座建于金大定二十年（1180年）十月一日，共有三层，下层刻八天人，中层刻四狮子，上层刻八尊托重力士像，颇有雄丽之风。基座上方有形态丰腴的莲花座，支撑八角幢身。幢身上方有宝盖，兽首衔环，各环系悬花，悬花上各有一尊坐佛。宝盖上方又有莲花座，支撑上面的短柱，短柱上有八角盖石，盖石各面分别有两尊高浮雕罗汉，共有十六尊罗汉。盖石上有莲座，莲座上有八角短柱，各面刻菩萨立像，顶上原本有盖，现已散佚。经幢全以汉白玉制成，结构均衡，雕饰精美，为金代同类作品中的杰作。（关野贞）

图634 直隶正定县隆兴寺东侧的经幢。关野贞博士拍摄。

第二节 钟

广东韶州府衙内的唐代青铜钟

日本古代的梵钟传自中国唐朝，此点自不待言，但长久以来没有发现实际的证据，而这个遗存于华南地区的实例，让我们的猜想变成了现实。铜钟整体的形状和龙头的样式手法与日本奈良时代（710—794 年）的梵钟如出一辙。钟的口径为一尺九寸八分（0.66 米），从底部至龙头下方高为二尺九寸（0.97 米），钟口厚一寸三分（4.30 厘米），自下端起算，撞座的高度为一尺二寸（0.40 米）。此钟造于南汉大宝二年（959 年）。（伊东忠太）

图 635 广东韶州府衙内的唐代青铜钟。伊东忠太博士拍摄。

山东肥城县
关帝庙内的金代铁钟

铁钟位于肥城县关帝庙，据铭文可知铸造于金朝大定二十四年（1184 年）。铁钟直径约四尺六寸（1.53 米），通高约七尺五寸（2.50 米），造型修长，钟口边缘呈波浪形，偏厚。钟的龙头外观雄丽，钟头刻有薄薄的莲花瓣，颇为优美，而围绕钟身的圆形凸起和龟甲状凸起线条则流于庸俗，不值得一看。钟的周围阳刻赞助者的姓名，最下方的圆形凸起和波状钟口边缘之间的空白处铸有八卦符号。（关野贞）

图 636　山东肥城县关帝庙内的金代铁钟。关野贞博士拍摄。

图 637 直隶正定县临济寺内的明代铁钟。关野贞博士拍摄。

直隶正定县临济寺内的明代铁钟

铁钟立于今临济寺内的地面上，上有铭文："天顺四年三月吉日成造真定府清塔寺都纲行端（中略）造钟重一千二百斤"，清塔寺即为临济寺。由铭文可知，此钟铸造于明朝天顺四年（1460 年）。钟面圆形，有八叶莲花图案，每瓣刻"南无阿弥陀佛"中的一个字，又刻"真定府"和"清塔寺"。铁钟没有龙头，只有简单的铁环，比较奇特。肩带有凸字形凹陷，内有八卦符号。腰带或凸字形里刻牡丹花图案，肩带和腰带之间分成八块，各块的莲花座上都刻有梵文。钟口呈波浪状，边缘沿着钟口做成火焰纹。火焰纹和腰带之间阳刻瑞禽和瑞兽。此钟不拘泥于以往的样式，手法颇为自由，粗犷的外形背后散发着雄劲的气势。（关野贞）

北京天宁寺内的明代铜钟

图 638 北京天宁寺内的明代铜钟。关野贞博士拍摄。

穿过天宁寺南大门，寺内东西两侧留有钟楼和鼓楼的遗址。东面钟楼的旧址上伫立着图 638 中的铜钟[①]。钟的龙头造型为两龙相背，抓住钟头，肩部刻莲花。钟身周围有袈裟带，从纵横两个方向捆住四面的牌位，内阳刻“皇帝万岁万万岁”“敕赐天宁寺常住永远悬扣”“大明嘉靖乙酉吉日造”等铭文，袈裟带划分出上下区域，各区域内刻有募捐者姓名，“嘉靖乙酉”即嘉靖三年（1524 年）。

钟口部位现在陷入土中，形状不明，但推测应当和其他钟类似，边缘呈波浪状。钟口边缘周围浮雕龙图案。此铜钟形状整齐优美，雕饰雄丽，是明代金属钟的优秀代表。（关野贞）

① 目前藏于北京大钟寺古钟博物馆。——译者注

陕西三原县木塔寺内乾隆年间的铁钟

此铁钟现位于木塔寺內，钟口呈八叶形，一部分没入土中。铁钟铸造于清朝乾隆年间（1736—1796 年），钟顶两侧刻龙首，中央凿圆孔以便悬吊，钟头浅刻莲花图案，周围配有四个圆孔。钟体腰部以上用凸线条分成三层护腰板。上层狭窄，阳刻“帝道遐昌”等字，其余两层宽阔，浮雕募捐者的姓名。腰部以下的护腰板呈下垂尖状，內有龙虎图案。钟口为八叶莲瓣形状，花瓣处各有四叶花，內有八卦图。此铁钟摆脱了以往袈裟带的常规设计，别有风格，但其技法仍不免简单粗拙。（关野贞）

图 639 陕西三原县木塔寺内乾隆年间的铁钟。关野贞博士拍摄。

陕西三原县
崇文寺内的明代铜钟

崇文寺内的八角砖塔正面东侧立有砖砌钟楼，钟楼现已倒塌，铜钟坠于地上，一半被埋在瓦片中，略倾斜。钟身没有年号铭文，推测可能铸于钟楼建立时，即明朝万历年间（1573—1620年）。钟顶上的龙略带古风，钟头的莲瓣内刻有蝉腹纹，钟身四周刻有兽面纹和夔龙纹。铜钟上面采用了周朝的纹样，这是非常少见的手法。（关野贞）

图640 陕西三原县崇文寺内的明代铜钟。关野贞博士拍摄。

第三节 砖、瓦当

出土于河南郑县的汉代空心墓砖其一

汉代墓穴多使用空心墓砖。空心墓砖体大而中空，表面印有楼阁、人物、飞禽走兽和树木等各种花纹，自古以来多出土自河南郑州，中国人将其称为圹砖，古代也称郭公砖。

此空心墓砖长三尺一寸五分（1.05 米），宽一尺三寸二分（0.44 米），厚五寸（0.17 米），正面边缘绕有斜行栉齿纹和锯齿纹。内分五层，上起第一层为楼阁树木，第二层为马和牵马人，第三层为楼阁，第四层为马车，最下层为老虎，在同类作品中技法最为精巧。空心墓砖背面边缘环绕斜格纹，内边缘排列着菱形纹，内部方块内有钱纹，印成四等分图案，和正面不同，采用了几何纹样。（关野贞）

右图 >
图 641（左） 出土于河南郑县的汉代空心墓砖正面。藏于东京帝国大学工学部建筑学教室。

图 642（右） 出土于河南郑县的汉代空心墓砖背面。藏于东京帝国大学工学部建筑学教室。

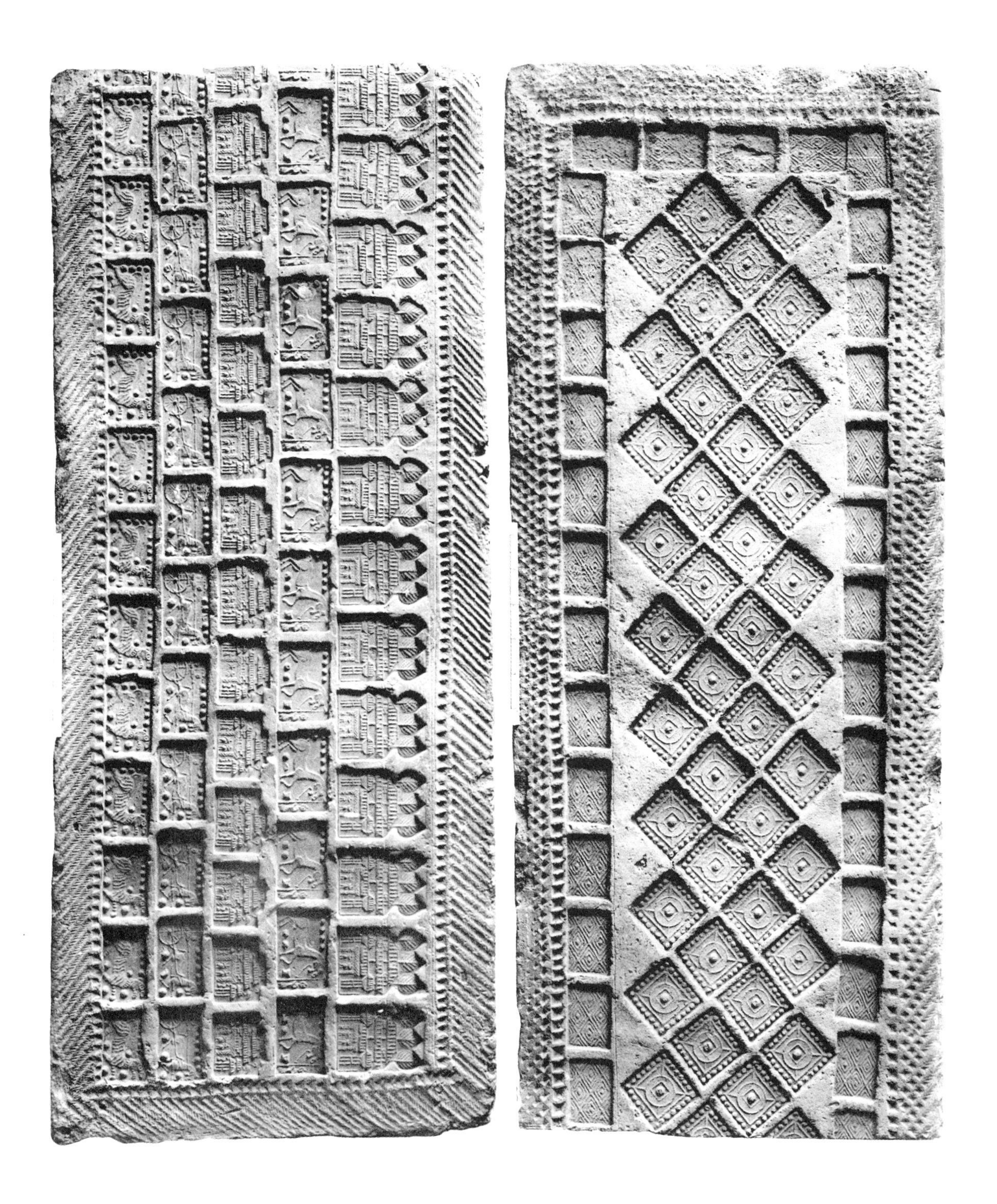

出土于河南郑县的汉代空心墓砖其二

此空心墓砖作为立柱，立于墓地玄室[①]入口左右。为了承载楣砖，空心墓砖不设上部边界。高三尺三寸四分（1.11 米），宽一尺四寸七分（0.49 米），厚五寸（0.17 米），四周边缘层层环绕栉齿纹、锯齿纹和列齿纹，内有细密的菱形纹竖向排列。内部区域分上下两层，上层印虎纹、猎虎图和马车纹，围成两行九列；下层方块内排列钱纹，呈四等分图案，两旁的空白处装饰着印花纹，手法颇为细致华丽。（关野贞）

① 一种墓室，里有前室、后室、侧室和回廊。前室摆放祭祀品，侧室放随葬品，后室是放墓主人尸体的椁室。——译者注

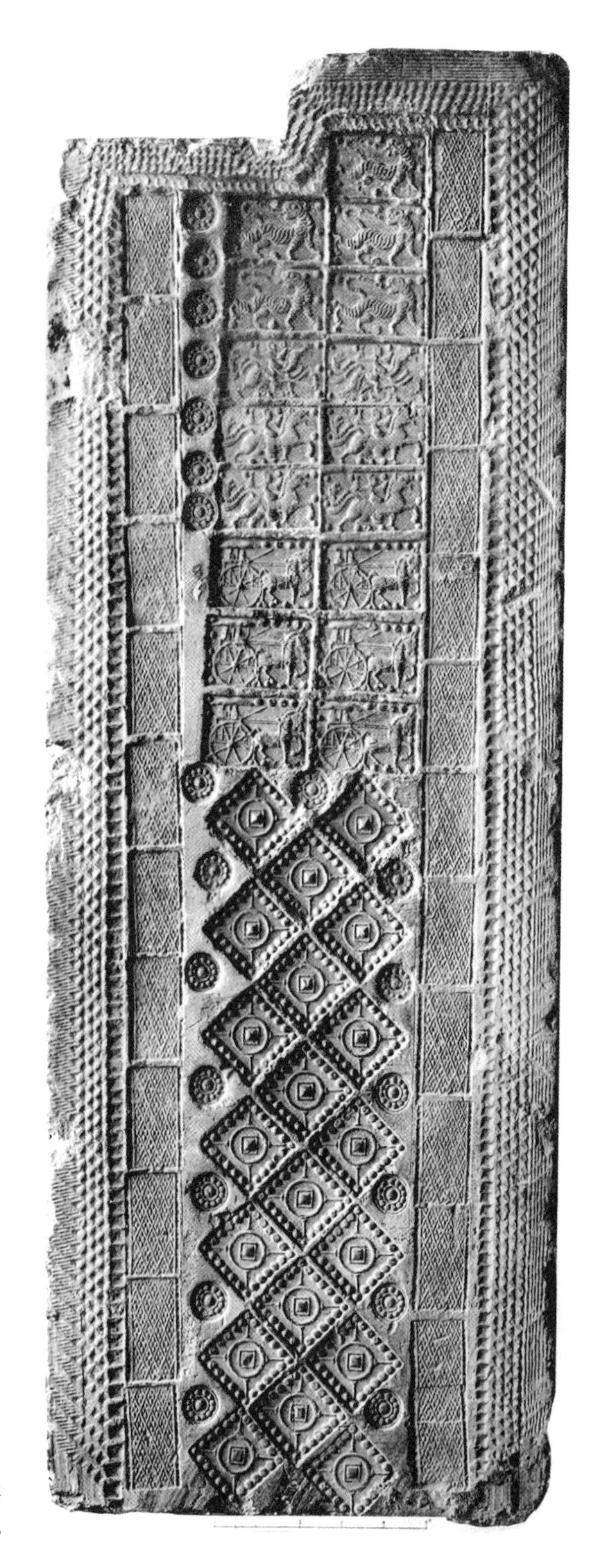

图 643 出土于河南郑县的汉代空心墓砖其二。藏于东京帝国大学工学部建筑学教室。

出土于河南郑县的汉代空心墓砖其三

墓道通往墓室的入口处有楣砖，空心墓砖置于楣砖上方，左右相连呈三角状，外侧下端呈方形凸起。左方高二尺八寸（0.93 米），宽三尺五寸五分（1.18 米），厚五寸五分（0.18 米）；右方高二尺六寸三分（0.88 米），宽三尺三寸四分五厘（1.12 米），厚六寸七分五厘（0.23 米），边缘呈波纹状。左右两砖分别阳刻龙形，右方砖上的龙背上有一人左手执剑，右手持盾。图案线条雄劲，曲线灵动，气魄宏大而妙趣横生，后世难以企及。（关野贞）

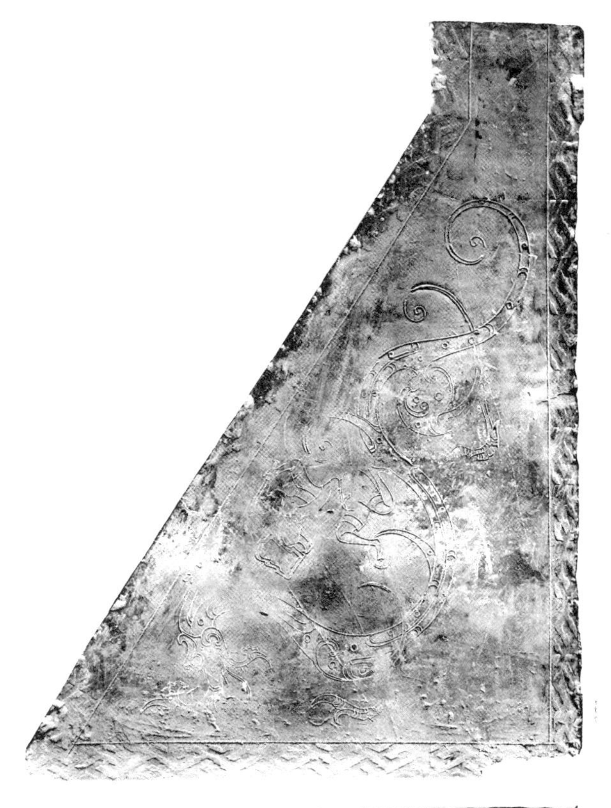

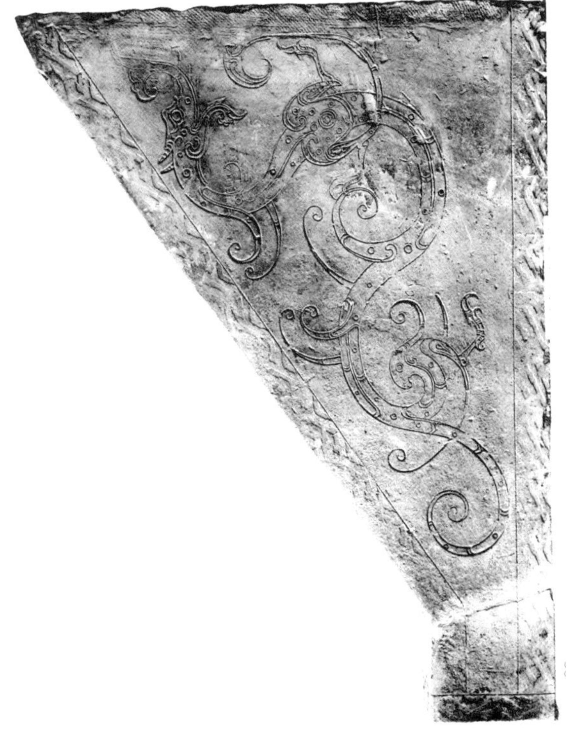

图 644—645 出土于河南郑县的汉代空心墓砖。藏于东京帝国大学工学部建筑学教室。

出土于陕西西安的汉代画像砖

此砖宽一尺九分五厘（0.65 米），长一尺四寸九分（0.50 米），厚一寸八分（0.06 米），边缘绕有斜行栉齿纹，内部分为六层。最下层印山岳，其间分布虎、兔、羊、牛、猪、狐等兽类；上面五层图案相同，均为人物、杯、盘、钟、匣、飞鸟等。（关野贞）

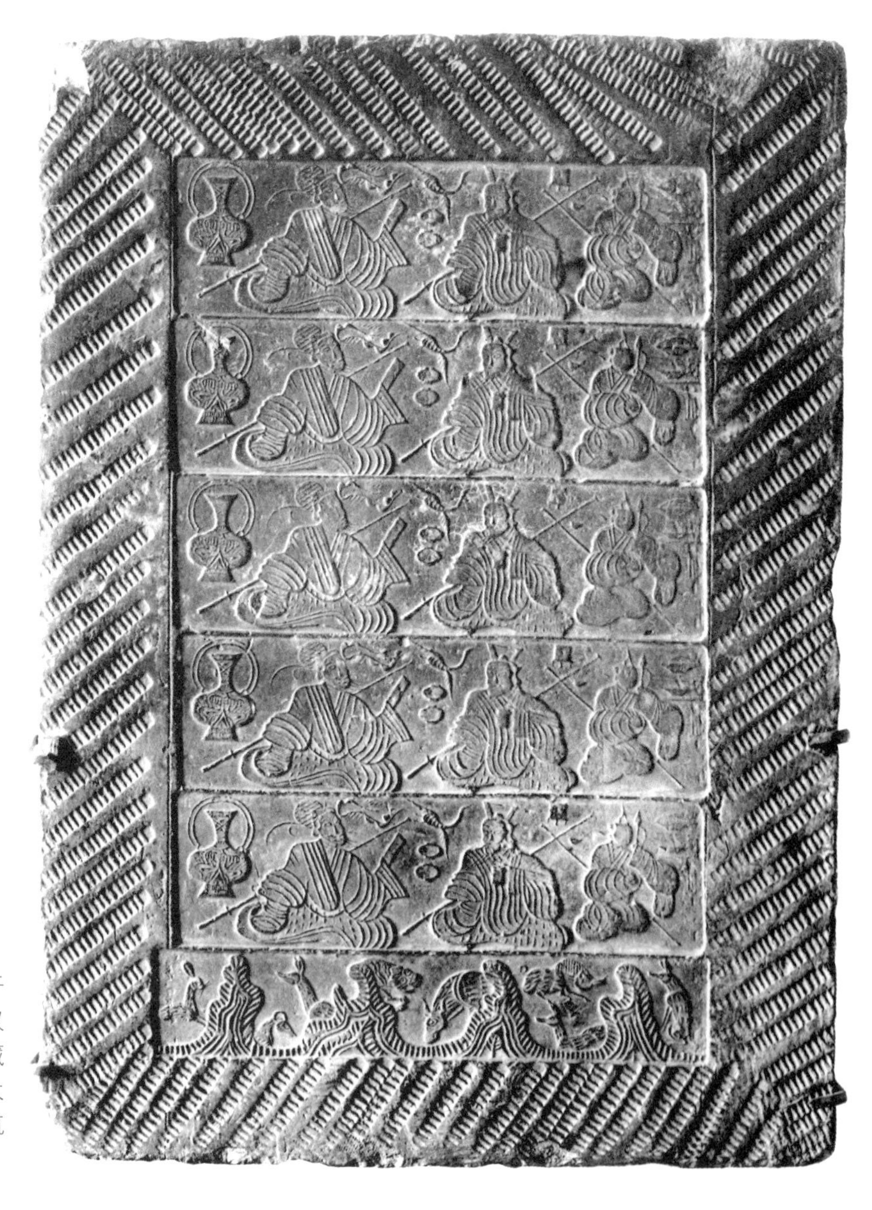

图 646 出土于陕西西安的汉代画像砖。藏于东京帝国大学工学部建筑学教室。

出土于河南郑县的汉代柱砖其一

柱砖为空心砖，呈柱状，立于墓室入口左右。柱砖的边缘斜印着成行的栉齿纹，内有上下三尊执斧的武神，上方一旁题有“孟兆”二字，这应当是守护墓门的武神。各神像中间和右侧有树木图案。（关野贞）

图 647 出土于河南郑县的汉代柱砖其一。藏于大仓集古馆。

出土于河南郑县的汉代柱砖其二

墓道通往墓室的入口左右立有柱砖，柱砖上方支撑楣砖。方柱的躯干部位宽阔，有斜面，形成八角形，柱子上下两端仍为方形，作为柱头和柱础，设计极为巧妙。柱身四个正面有隆起的骑马猎虎图案，四个侧面有斜行的栉齿纹，呈羽毛状。柱头各面上方有四株树木，下方压纹和柱身相同。柱础部位四面有两行方格纹，呈对角状，左右有隆起的猎虎图案，与柱身相同。（关野贞）

图 648 出土于河南郑县的汉代柱砖其二。藏于大仓集古馆。

出土于河南郑县的汉代柱砖其三

与图 648 相同，此柱砖也立于墓室入口处，圆柱，空心。柱上方支撑大斗状柱头，下方有倒置大斗状柱础。柱头和柱础都有凤凰状的压纹，柱身周围纵向印有人物和龙的图案，各行交叉，共有五层。（关野贞）

图 649 出土于河南郑县的汉代柱砖其三。藏于大仓集古馆。

汉代方砖其一

此方砖高一尺二寸九分五厘（0.43 米），宽一尺二寸七分（0.42 米），厚一寸五分五厘（0.05 米），边缘由波纹带和菱纹带组成，內部阳刻栩栩如生的虎豹相斗图案。空白处巧妙搭配摇曳的云气纹样。（关野贞）

图 650 汉代方砖其一。藏于东京帝国大学工学部建筑学教室。

图 651 汉代方砖其二。藏于东京帝国大学工学部建筑学教室。

汉代方砖其二

此方砖边长九寸三分（0.31 米），厚二寸（0.07 米），各面用线条划分成四行三列，各区域写有一字篆书，阳刻铭文“单于和亲千秋万岁安乐未央”。

自秦汉以来，匈奴长期盘踞北方，即使秦始皇和汉武帝，也未能使其臣服。直到西汉宣帝甘露三年（前 51 年），呼韩邪单于才首次入朝称臣，之后便诚心侍奉汉朝。“单于和亲”应当是纪念此事。此砖作为西汉时期的作品，篆书笔法展现出高雅的风格。（关野贞）

汉代长方形砖

此砖为长方形，宽六寸四分五厘（0.22 米），长一尺二寸八分五厘（0.43 米），厚二寸五分（0.08 米），轮廓为波纹状，中央有一树，左右阳刻重层楼阁图案，楼阁第一层屋顶上立仙鹤，空处点缀正方形和环形。（关野贞）

图 652 汉代长方形砖。藏于东京帝国大学工学部建筑学教室。

文字砖

早在周朝，人们就开始制砖，到了汉朝，砖大量用于家宅的墙壁和坟墓中的套棺。此时的砖，比现在我们使用的普通砖块要稍微大一些，扁平的两面和侧面阳刻文字或纹样（偶有阴刻），其样式沿用至三国两晋时代，现将两汉、魏、吴及西晋时期的砖铭记录如下。

一、西汉竟宁年间（前 33 年）砖，用缪篆[①]印铭字如下：竟宁元年大岁在戊子卢乡刘吉造。竟宁元年为西汉元帝时的年号，即公元前 33 年。

二、东汉延光年间（122—125 年）砖，用略粗的缪篆印铭字如下：汉延光元年八月制作。延光元年为东汉安帝时的年号，即 122 年。

三、魏正始年间（240—249 年）砖，也用缪篆印铭字如下：正始九年九月张氏作壁。正始九年为三国时期魏国邵陵公曹芳的年号，即 248 年。“作壁”的“壁”字为“甓”的通假字。铭字意为张姓砖瓦工制作了这块砖甓。

四、吴赤乌年间（238—251 年）砖，用高雅险劲的左文篆书印铭字如下：大吴赤乌元年作。赤乌元年为吴大帝孙权的年号，即 238 年。

五、西晋咸宁年间（275—280 年）砖，用稳重优雅的缪篆体印铭字如下：晋咸宁四年昌平王兴作。咸宁四年为晋武帝时的年号，即 278 年。“昌平”为地名，“王兴”为砖瓦工的姓名。（关野贞）

右图 >

图 653 汉代的文字砖。藏于京都帝国大学文学部。拓本由关野贞博士收藏。

图 654 汉代的文字砖。藏于京都帝国大学文学部。拓本由关野贞博士收藏。

图 655 曹魏时期的文字砖。藏于南京古物保存所。拓本由关野贞博士收藏。

图 656 东吴时期的文字砖。藏于南京古物保存所。拓本由关野贞博士收藏。

图 657 西晋时期的文字砖。藏于大仓集谷馆。拓本由关野贞博士收藏。

① 汉代摹制印章用的一种篆书体。——译者注

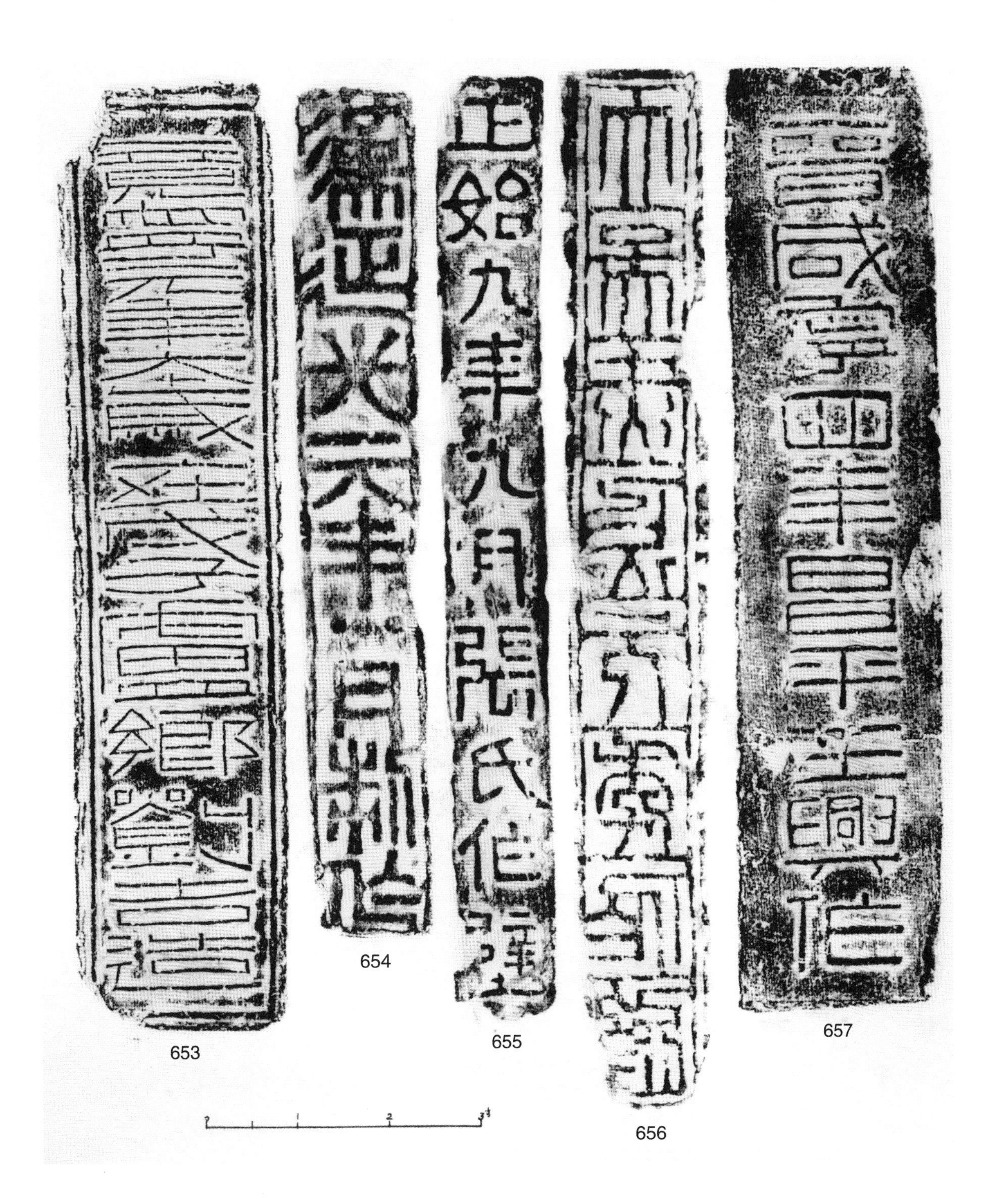

653　654　655　656　657

汉代纹样砖

这块汉代制作的砖上印有几何纹样、人物、动物以及钱币图案。图 658 主要由粗大的菱形纹和环形纹连接而成。图 659 的砖面分成三片区域，每片区域內有精巧的菱带纹。图 660 以鱼纹和內有“大吉”二字的带形将砖面分成三片区域，每片区域內有细密的菱带纹。图 661 砖的纵面上有极为稚拙的人物图案。图 662 一端为带“五十”二字的钱纹，砖面其他部分菱带纹和圈纹交织在一起。（关野贞）

右图 >
图658—662 汉代纹样砖。藏于大仓集谷馆。拓本由关野贞博士收藏。

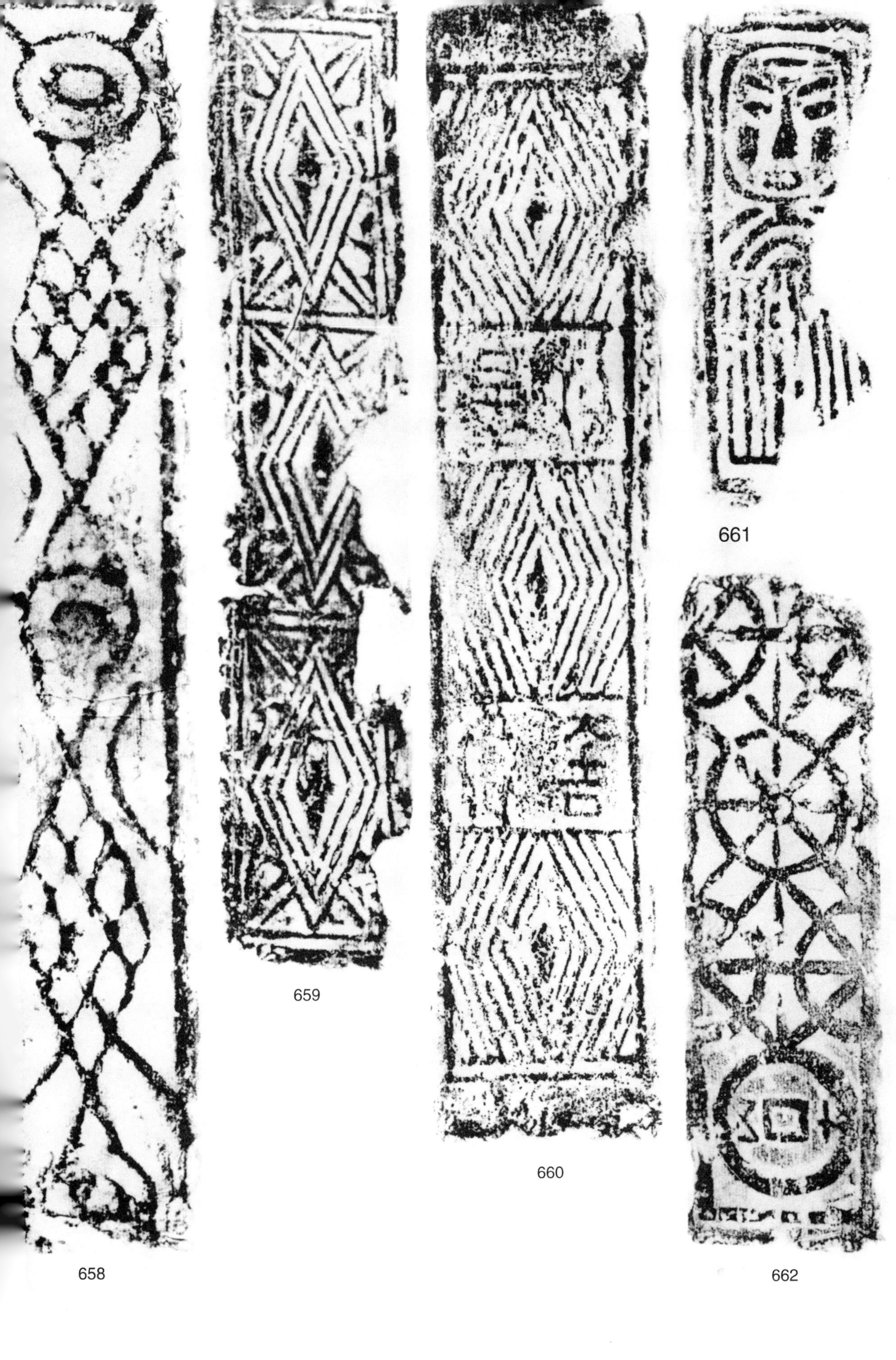

658 659 660 661 662

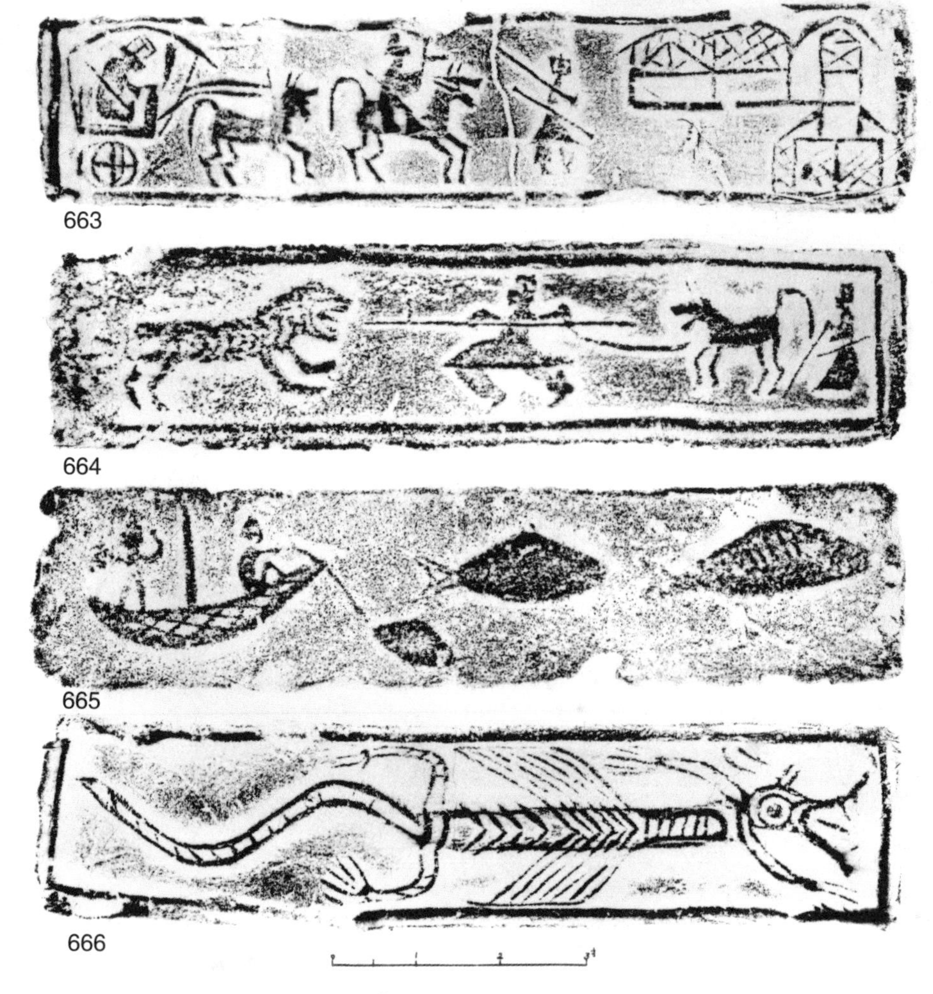

图 663—666 汉代画像砖其一。方若徽[①]收藏。

汉代画像砖其一

图 663 中的画像砖右端有房屋，一人担矛带路，一骑兵执戟紧随其后，一人驾驭马车，均作向右前进状。

图 664 中的画像砖为猎虎图案。一人在中央处举戟刺虎，身后牵一匹马，马的后面（砖的右端）有一人面朝左侧，手中执杖。

图 665 中的画像砖为钓鱼图案。左端有一带桅杆的船只，一人蹲在船上钓鱼，一人立于后方，有两条大鱼向右游开。

图 666 中的画像砖砖面上阳刻极其怪异的完整龙形。

以上四种均为普通的画像砖，图案都非常简朴，但却趣味横生。（关野贞）

① 方若徽（？—1945），字药雨，浙江定海人，寄居天津，著名收藏家。——译者注

汉代画像砖其二

此砖比普通的画像砖大，一驾马车向右，车上坐一人，另有一人驾车，有一人持矛跟随马车行进，马车前有一人执戟迎接。画面右端立有一座重层高阁，可能是关门。（关野贞）

图 667 汉代画像砖其二。罗振玉收藏。

出土于直隶易县的周代半瓦当

这些半瓦当于1912年出土于直隶易县的旧城，易县的旧城为周朝时期燕国的都城旧址，这些半瓦当从样式上看应当属于周代。当时用小瓦和筒瓦覆盖屋顶，屋檐边缘的筒瓦用半圆状瓦当堵住，正面施浮雕装饰。图668、图669、图672和图674的瓦当阳刻周代常见的兽面纹，极为雄浑壮丽。另外，图670的瓦当浮雕成对的瑞兽纹，图671的瓦当浮雕面朝后方、两相呼应的双兽纹，同样颇有雄豪之气。这些作品的艺术水平是后人无法超越的。图675的瓦当与这些作品不同，双层台阶状纹样的左右印有蕨手纹，造型朴素。（关野贞）

右图>
图668—675 出土于直隶易县的周代半瓦当。藏于东京帝国大学工学部建筑学教室。

668

672

669

673

670

674

671

675

汉代瓦当其一

这些汉代瓦当带有文字铭，图 680 中的“关”瓦当出土于河南新安县的新函谷关，其余均为陕西西安汉代皇宫旧址的文物。图 676 中的瓦当，中央位置有半球状隆起，向四面伸出两根复线，将瓦面分成四片区域，各区域印有一字篆文，合起来是“汉并天下”。汉高祖灭秦，一统天下，此瓦当用于宫殿屋盖上。图 677 中的瓦当，中央的半球周围有八颗珠纹，四片区域画扇形，各扇形内部巧妙地安上一字篆文，组成“长乐未央”四字。图 678 和图 677 相似，中央的半球四周有十二颗珠纹，其余地方用四出[①]复线将瓦面划分成四片区域，浮雕篆文“亿年无疆”。图 679 中的瓦面有篆体“万岁”二字。图 681 中，十字状单线将瓦面分成四片，用鸟虫篆[②]的字体写上“永受嘉福”四字，有学者认为此瓦当为秦代作品。

比起单字或双字，汉代的瓦当更多使用四字以上的铭文，设计上采取字画或者排列的方法，具有质朴风雅、清新刚劲的风格，妙趣横生，非后世可以比拟。（关野贞）

右图 >
图 676—679 汉代瓦当。藏于东京帝国大学工学部建筑学教室。

图 680—681 汉代瓦当。塚本靖博士收藏。

---

① 由内部图形的四角伸出斜纹直达边缘的图案。——译者注

② 也称鸟书或鸟虫书，是先秦篆书的变体，属于金文里一种特殊的美术字体。——译者注

676

677

678

679

680

681

汉代瓦当其二

除了文字铭之外，汉代瓦当还常用蕨手纹，或者采用飞禽走兽、日月、四神等图案。汉代一般多用圆瓦当，偶尔使用传自周朝的半圆瓦当。图682—684和图686属于蕨手纹瓦当。图682中的瓦当，十字形复线贯穿中央內圈，将瓦面分成四等份，各区域內有双卷蕨手纹，內圈內部的四角各有一个L形图案。图683中的瓦当，內圈周围环绕S形和L形蕨手纹。图684中的瓦当，內圈有双鹤纹，用四出复线分成四等份，各区域內伸出双卷蕨手纹。图686中的瓦当，內圈里面有斜格纹，內圈外双卷蕨手纹覆盖四出复线的末端。

图685中，瓦面印有巨大的飞鸿，上部有“延年”二字。图688中，浮雕猿猴。图689中，浮雕凤凰纹和云气纹，两者均有雄浑之气。图687中的半瓦当，中央立有树木，左右各有骑马的人物，与周代瓦当雄浑的风格不同，颇有一种清雅之趣。（关野贞）

右图 >
图682—684 汉代瓦当。关野贞博士收藏。

图685 汉代瓦当。塚本靖博士收藏。

图686—687 汉代瓦当。藏于东京帝国大学工学部建筑学教室。

图688—689 汉代瓦当。拓本由关野贞博士收藏。

682

683

684

685

686

687

688

689

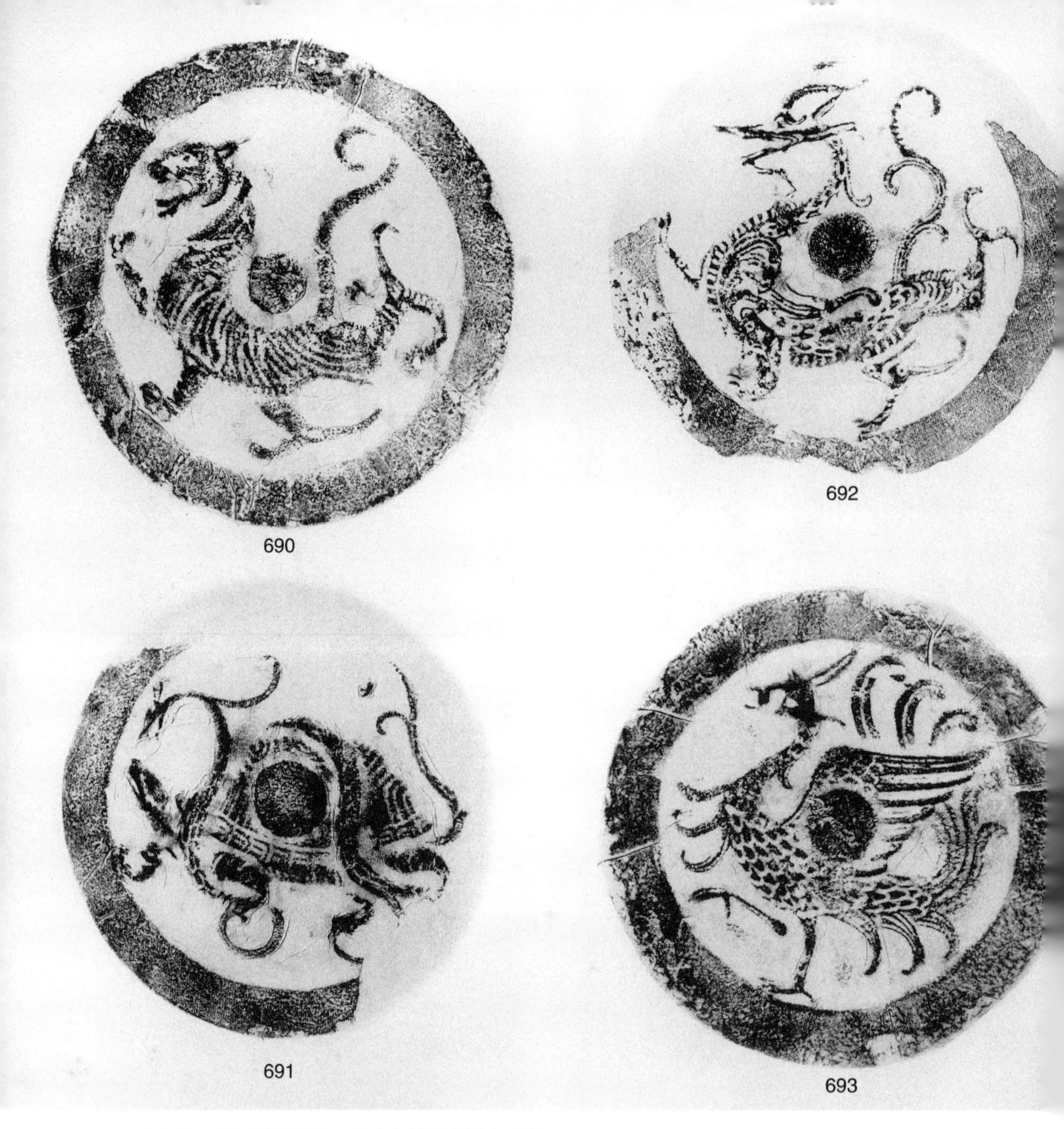

图 690—693 汉代瓦当。拓本由关野贞博士收藏。

汉代瓦当其三

这四种瓦当印有青龙、白虎、朱雀、玄武四神图，中心位置都有半球状隆起。图 690 中，瓦面浮雕白虎纹；图 691 中，瓦面浮雕玄武纹；图 692 中，瓦面浮雕青龙纹；图 693 中，瓦面浮雕朱雀纹。雄浑壮丽，风雅刚健，让后人不禁感叹汉代制瓦技术的发达。（关野贞）

汉代日月象瓦当

图 694 及图 695 中的瓦当印有日月象，边缘均刻有波纹，内绕连珠圈。图 694 中，瓦面为日象，即金乌和星辰；图 695 中，瓦面为月象，即玉兔和蟾蜍。两者都刻有云气纹，气象雄豪，遒劲挺拔，是后世无法企及的杰作。（关野贞）

图 694 汉代日象瓦当。拓本由关野贞博士收藏。

图 695 汉代月象瓦当。藏于东京帝国大学工学部建筑学教室。

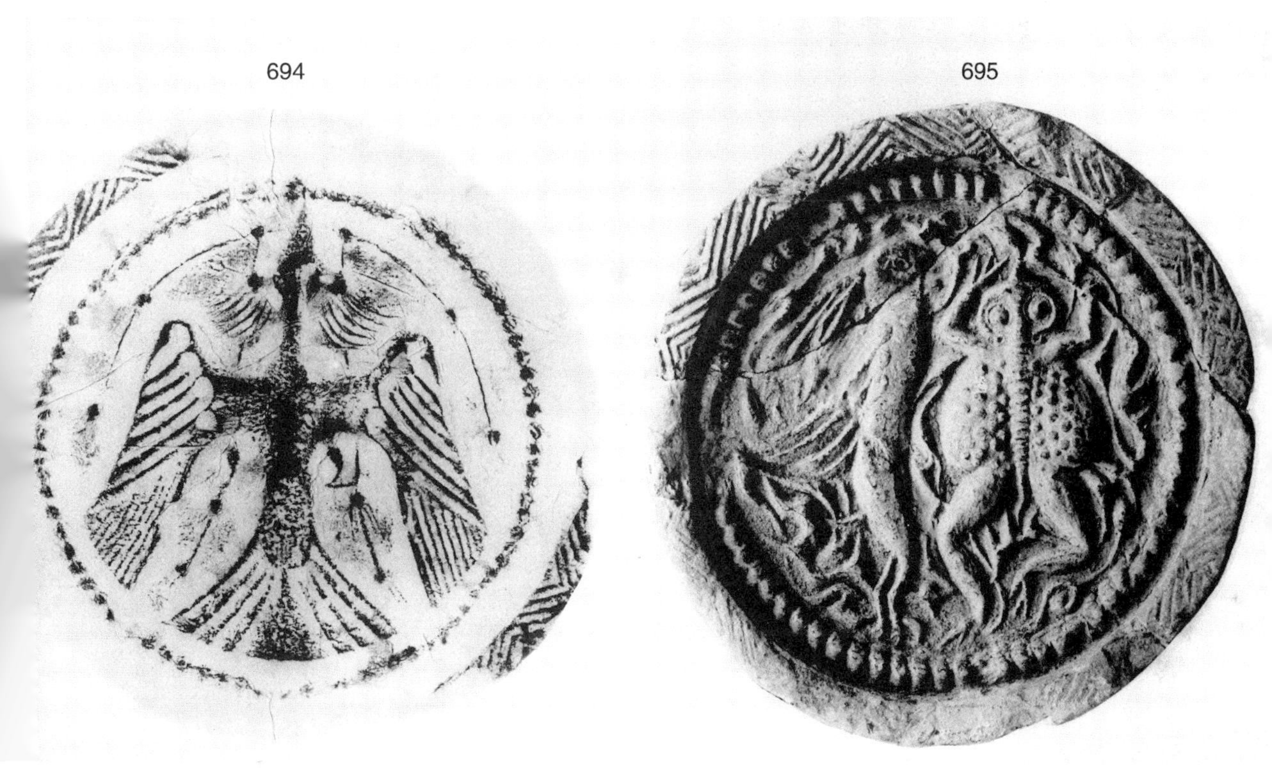

唐代瓦当

唐代瓦当很少得到汉学家的关注，在日本也鲜有研究。笔者曾于 1906 年前往西安时，在唐代大明宫旧址（图 696—697）与唐太宗昭陵（图 698—700）收集了一些唐代瓦当。这些瓦当边缘宽阔低矮，內部绕有珠纹带，带內有莲花纹，莲花瓣分单瓣和重瓣，呈明显隆起的鸡蛋形，花冠较小。图 696 有很多莲子，图 698 有九颗莲子，总之，瓦当边缘过于宽阔，莲花纹显得偏少，技法也失于纤弱。（关野贞）

图 696—697 唐代瓦当和砖。出土于陕西西安唐大明宫旧址。关野贞博士拍摄。

图 698—700 唐代瓦当和砖。出土于陕西西安唐昭陵。关野贞博士拍摄。

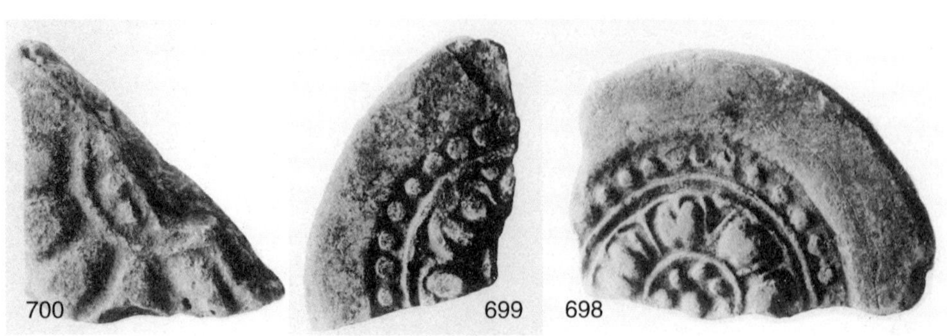

图 701—703 唐代砖。出土于陕西西安唐大明宫旧址。关野贞博士拍摄。

图 704 唐代砖。出土于陕西西安唐昭陵。关野贞博士拍摄。

唐代砖

这些砖同样是笔者于 1906 年前往唐大明宫旧址（图 701—703）、唐太宗昭陵（图 704）和唐德宗崇陵（图 705—706）时发现的，虽然残缺部分很多，但仍可一窥当时的艺术风格。砖的边缘缠绕珠纹带，內有莲花纹或忍冬纹，四角空白处为唐草纹，莲花纹的样式略具特色。崇陵的砖（图 706）背面有几何纹样。（关野贞）

图 705—706 唐代砖。出土于陕西西安唐崇陵。关野贞博士拍摄。

宋代瓦当

笔者于 1912 年前往河南巩县（今巩义市），在宋太祖陵及宋太宗陵收集了不少宋代瓦当，但至今未曾听说有其他学者收集或研究宋代瓦当。图 707—716 的瓦当出自上述两座陵墓。筒瓦的纹样有莲花纹、宝相花纹和兽面纹，都是边缘宽阔，中间缠绕珠纹带。內圈內部的莲花瓣则多以花纹替代莲子纹。另外，宝相花纹中间有直立莲花，左右伸出对称茎叶，形态优美。兽面纹则头生双角，张嘴露獠牙，略显孱弱。

图 713 的唐草瓦为重弧纹，图 716 的唐草瓦有纤细精巧的唐草纹，下方用手指头压出波浪形，这种手法见于六朝时代。（关野贞）

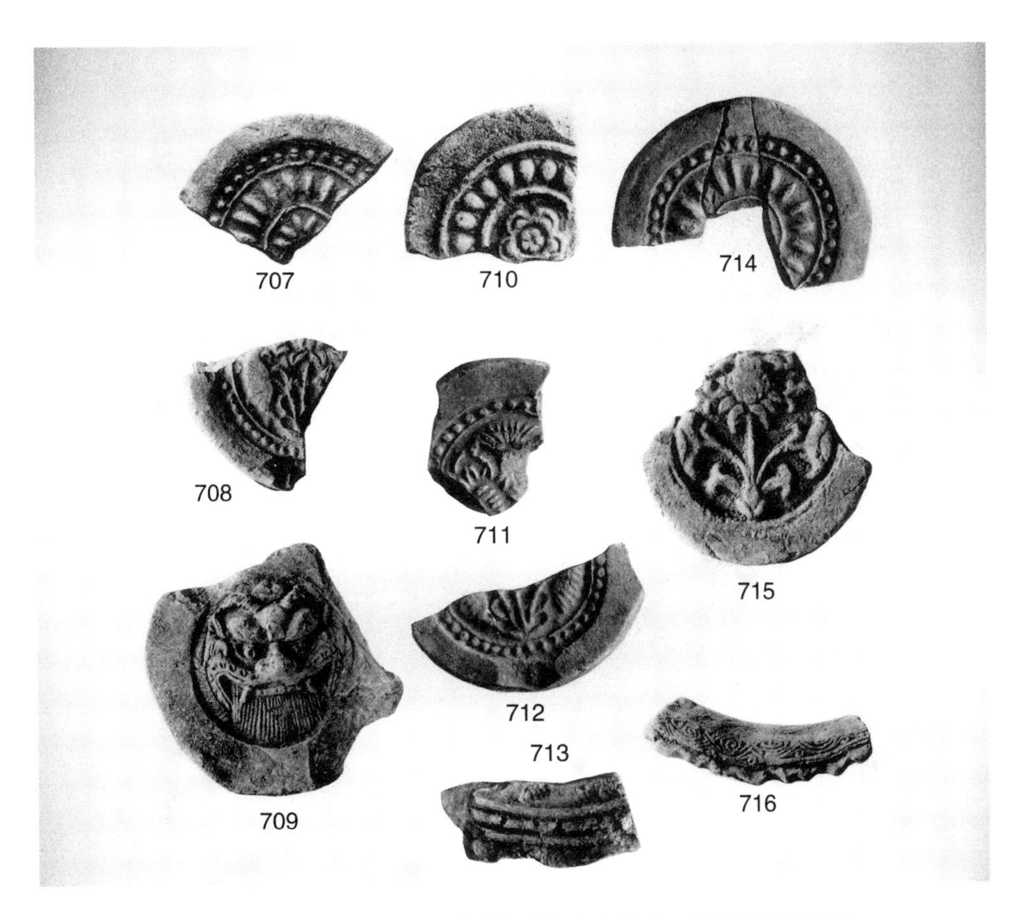

图 707—716 宋代瓦当。出土于河南巩县宋太祖陵和宋太宗陵。关野贞博士拍摄。

717

宋代砖

718

这两块砖发现于宋太祖陵和宋太宗陵，图717斜格纹的各个格子內点缀珠纹，图718浮雕唐草纹，两者都有残缺。（关野贞）

图717—718 宋代砖。出土于河南巩县宋太祖陵和宋太宗陵。关野贞博士拍摄。

江苏南京明太祖孝陵黄釉唐草瓦

此唐草瓦出自南京明太祖孝陵殿门，下端呈垂尖状，轮廓略宽，內有龙、宝珠和飞云的浮雕，整体施黄釉。中华文化中，五色以黄色为最尊贵，天子身着黄袍。自北魏时起，宫殿屋顶均覆盖绿色琉璃瓦，唐宋沿用此形制。而明朝宫殿和陵墓中，凡是皇室建筑，都开始使用黄色琉璃瓦，亲王的建筑则使用绿色琉璃瓦。清朝效仿这一规定。此唐草瓦与宋元时代的作品相比，颇为精美，技法也非常细致。（关野贞）

图 719 江苏南京明太祖孝陵黄釉唐草瓦。藏于东京帝国大学工学部建筑学教室。

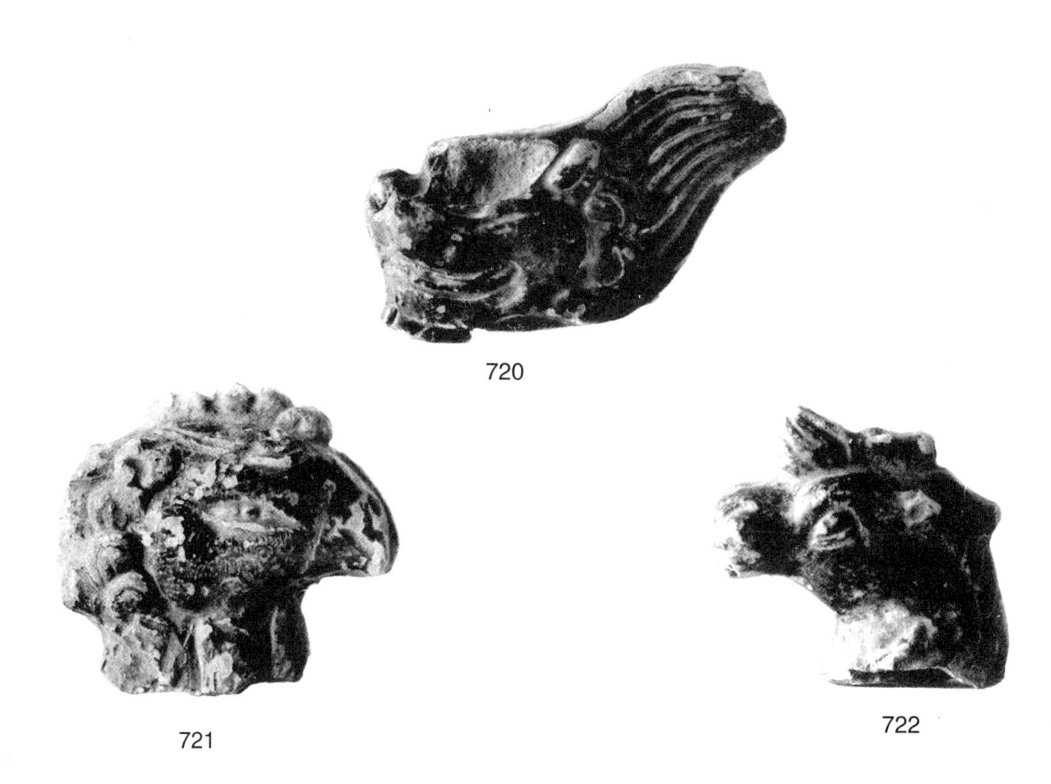

图 720—722 江苏南京明太祖孝陵黄釉走兽和飞凤。关野贞博士拍摄。

江苏南京明太祖孝陵黄釉走兽和飞凤

早在唐宋时代，中国的屋顶四角和垂脊末端就有排列走兽像的做法。图 720 为狮子头部，图 721 为凤凰头部，图 722 为海马头部，均施黄釉，位于明太祖孝陵建筑的屋顶上。（关野贞）

陕西西安文庙明代绿釉正吻

此正吻放置在西安文庙大成殿旁边的地上，最初位于大成殿屋顶上，表面施绿釉。清朝时屋顶改铺黄色琉璃瓦，便将其替换下来。现存大成殿为成化年间（1465—1487 年）再建，此正吻应为此时所造。正吻上有名为蚩尾的长角怪鱼，吐气伸腿，尾巴上扬回旋，身上有高浮雕图案：一条小龙贴在它的身体上，口吞火球，其艺术手法颇有值得一观之处。（关野贞）

图 723 陕西西安文庙明代绿釉正吻。关野贞博士拍摄。

筒瓦

724

这些筒瓦中，图724出自明太祖孝陵殿门，图725出自明成祖长陵殿门，瓦面阳刻蟠龙，技巧极为精致美丽。图725的设计与图724相似，施黄釉，但蟠龙的艺术水平不如图724。图726中的筒瓦位于陕西华阴县华岳庙的屋顶，蟠龙的设计和手法值得一观，同样施黄釉。图727中的筒瓦同样位于华岳庙，手法较为精致，但缺少雄豪的气概。（关野贞）

725

图724 江苏南京明太祖孝陵黄釉筒瓦。藏于东京帝国大学工学部建筑学教室。

图725 北京昌平县明成祖长陵黄釉筒瓦。藏于东京帝国大学工学部建筑学教室。

726

图 726 陕西华阴县华岳庙黄釉筒瓦。塚本靖博士收藏。

727

图 727 陕西华阴县华岳庙筒瓦。藏于东京帝国大学工学部建筑学教室。

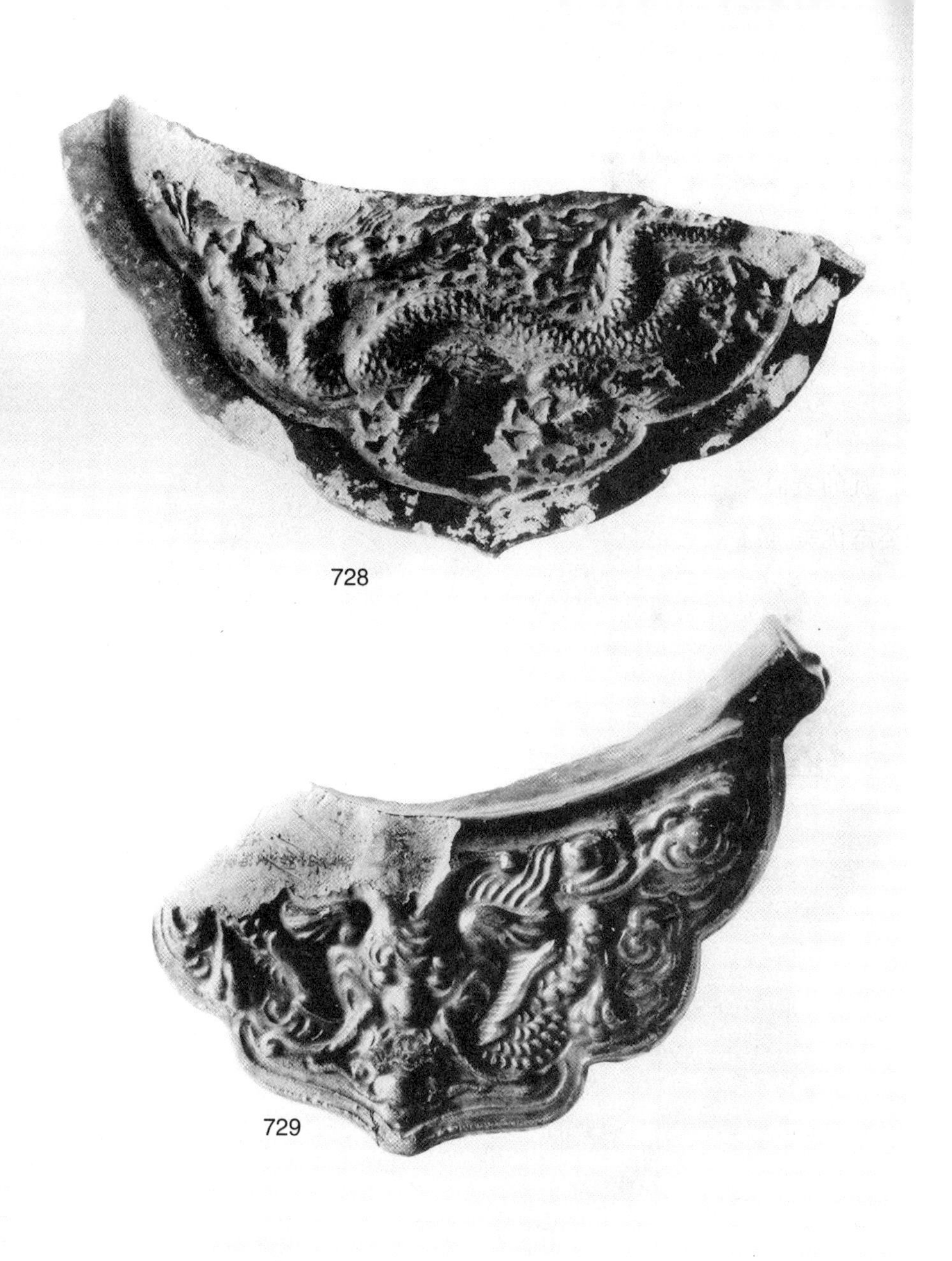

图 728 江苏南京明太祖孝陵黄釉唐草瓦。藏于东京帝国大学工学部建筑学教室。

图 729 陕西华阴县华岳庙黄釉唐草瓦。藏于东京帝国大学工学部建筑学教室。

黄釉唐草瓦

图 728 发现于明太祖孝陵，略有缺损，下端呈垂尖形，瓦面浮雕一条龙，手法大胆，施黄釉，工艺较为精致。图 729 发现于华岳庙，中央处印有正面龙头，左右为龙身及前爪，现于云中，整体施黄釉。（关野贞）

北京皇城外壁瓦当

图 730 为北京皇城外壁屋顶上的黄色琉璃瓦，因为是帝王建筑，瓦的表面印有蟠龙。据推测，这可能是明末清初的作品，龙的姿态优美，位置也恰到好处，琉璃瓦的质量优良。（伊东忠太）

图 730 北京皇城外壁瓦当。伊东忠太博士收藏。

陕西西安碑林文庙瓦当

这些瓦当均为狮面图案，出处和年代不明，或许为清朝初年制作，设计不够精练，图案颇为随意，别有一种趣味。（伊东忠太）

图 731—732 陕西西安碑林文庙瓦当。关野贞博士收藏。

广东新会县崖山祠唐草瓦其一

图 733 中的瓦片可能制作于清朝初年。瓦片薄而脆，施浅釉。唐草纹偏粗糙，不过新会县在当时属于偏远地区，使用这样的瓦片亦属正常。（伊东忠太）

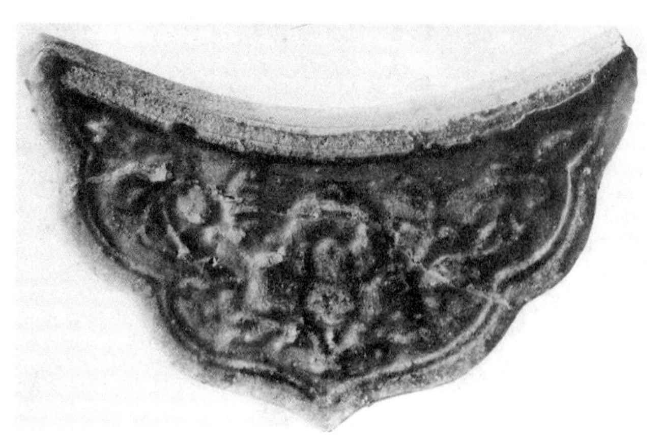

图 733 广东新会县崖山祠唐草瓦其一。藏于东京帝国大学工学部建筑学教室。

广东新会县崖山祠唐草瓦其二

图 734 的瓦片可能制作于清朝末期。脆薄的素烧瓦片表面中央有“寿”字，左右配唐草纹，没有文字，唐草的样式也很幼稚，整体轮廓略显紧绷。（伊东忠太）

图 734 广东新会县崖山祠唐草瓦其二。藏于东京帝国大学工学部建筑学教室。

奉天北陵筒瓦

这片畸形的黄色釉瓦印有蟠龙，面如狮子。虽然是一种筒瓦，但轮廓设计非常少见，可能是乾隆时期修陵时烧制的。（伊东忠太）

图 735 奉天北陵筒瓦。藏于东京帝国大学工学部建筑学教室。

图 736 山西大同府南寺筒瓦。藏于东京帝国大学工学部建筑学教室。

山西大同府南寺筒瓦

此筒瓦的瓦当边缘排列球状颗粒，圈內有奇异的狮面图案，艺术手法似乎略带萨珊王朝时期的波斯风格。筒瓦出土地点不明，年代不详，如果是出土于大同府的南寺，那么最早可能上溯至辽金时代。或许体现了当时这里与西域地区的交流。即使事实并非如此，此筒瓦作为带有异国风情的特殊作品，也值得考察一番。（伊东忠太）

广东新会县崖山祠筒瓦其一

图 737 筒瓦与图 734 唐草瓦一同被发现，中央有“寿”字，左右配“金”字，构图和制作不够精致。（伊东忠太）

图 737 广东新会县崖山祠筒瓦其一。藏于东京帝国大学工学部建筑学教室。

广东新会县崖山祠筒瓦其二

此筒瓦同样是圆圈內有“寿”字，制作粗笨。（伊东忠太）

图 738 广东新会县崖山祠筒瓦其二。藏于东京帝国大学工学部建筑学教室。

广东新会县崖山祠筒瓦其三

此筒瓦与图 733 唐草瓦一同被发现，花纹虽然不精巧，但都能够收纳于圆圈內部。（伊东忠太）

图 739 广东新会县崖山祠筒瓦其三。藏于东京帝国大学工学部建筑学教室。

图 740 奉天福陵（东陵）看墙正吻。氏家重次郎[1]收藏。

① 氏家重次郎，日本建筑师。——译者注

奉天福陵（东陵）看墙正吻

图 740 为看墙正吻，形态和普通殿宇屋脊上的正吻完全不同，可能制作于乾隆时期，显得生机勃勃。（伊东忠太）

北京皇城内的旁吻

图 741 中的旁吻造型正统，堪称佳作，以深蓝紫色琉璃瓦制作，非常美丽。可能属于清初至乾隆年间（1736—1796 年）的作品。（伊东忠太）

图 741 北京皇城内的旁吻。伊东忠太博士收藏。

图 742 北京皇城内的屋脊兽其一。伊东忠太博士收藏。

北京皇城内的屋脊兽其一

图 742 是屋脊兽的一种，推测可能以马为原型，以绿色琉璃瓦制作，姿态颇为灵巧。或许是清朝中期的作品。（伊东忠太）

图 743 北京皇城内的屋脊兽其二。伊东忠太博士收藏。

北京皇城内的屋脊兽其二

图 743 的屋脊兽同样用绿色琉璃瓦制作，造型或许是麒麟。制作年代应当在乾隆以后。（伊东忠太）

第四节 其他

图 744 山西五台山慈福寺的铜香炉。伊东忠太博士拍摄。

山西五台山慈福寺的铜香炉

在各处的寺庙和祠堂中，能见到各式各样的铜香炉，但图 744 中香炉的设计非常奇特，具有记录价值。香炉各部位富于变化，制作手法巧妙和谐，其创意值得一观。（伊东忠太）

奉天铁岭县
城隍庙内的石香炉

图745中的石香炉从样式上来说十分普通，但它在保留建筑本来意义的同时，简洁而不失要领,值得仔细品鉴。（伊东忠太）

图745　奉天铁岭县城隍庙内的石香炉。伊东忠太博士拍摄。

奉天东清真寺的井

图 746 奉天东清真寺的井。伊东忠太博士拍摄。

清真寺里多有水井，供教徒清洁身体，这是一种宗教仪式。水井上面多建有精巧的屋舍，图 746 中为其中一例。

八角小殿的基座四周环绕栏杆，圆形屋顶上面铺草，上面建有宝顶，结构完整，使观者有清爽之感。（伊东忠太）

图 747 奉天娘娘庙的焚帛楼。伊东忠太博士拍摄。

奉天娘娘庙[①]的焚帛楼

焚帛楼的形式非常多样，图 747 中的焚帛楼完全采用建筑的样式，实属罕见。乍一看上去如同佛龛一般，其细节手法处理得极为仔细。（伊东忠太）

---

①沈阳碧霞宫道院的俗称，始建于清朝雍正三年（1725 年），道光年间（1821—1850 年）进行翻修重建。该宫原址位于沈河区小南街娘娘庙巷。“文化大革命”期间被毁。1996 年，异地恢复重建。——译者注

图 748 北京的彩楼。大连市亚东印画协会拍摄。

北京的彩楼

彩楼是商店开业及其他庆祝活动时设置在店铺前的临时装饰，其样式与普通牌楼相似，施五彩金银，极为华丽。图 748 的例子属于其中最为巧妙和精致的类型。（伊东忠太）

花轿

汉族婚礼中有称为“迎娶”的仪式，即男方前往女方家中迎接新娘。其中，新郎亲自迎接新娘的情形被称为“迎亲”，在风俗上尤其受到重视。新郎以及四至八名被称为“迎亲人”的男子，一同前往女方家中迎接新娘。新娘乘坐的交通工具全由男方家庭准备，现在人们已经开始乘坐汽车和马车等，但按照惯例，新娘仍然乘坐轿子。迎亲的时候，轿夫抬起轿子，在鼓乐声中，从男方家出发前往女方家，再让新娘坐着轿子回到男方家。一些极为贫困的家庭举办婚礼时，即使省略其他程序，也不会省略这一仪式。迎亲用的轿子称为花轿，形状与日本的神轿[①]相似，红底上刺绣吉利的文字或图画，也有一些会罩上一块布——名为轿围子，总之装饰得颇为花哨。普通轿子由二至四人抬，而花轿则由八人来抬，前面有乐手八至十六人，手持铜锣、大鼓和喇叭等，一边演奏喜庆曲目一边行进。城里有花轿铺，负责花轿租赁、轿夫和乐手雇用等所有服务。（摘自田中謇堂著《中国婚姻五则》、荒井金造著《中国的婚姻》，原文发表于《东洋》[②]杂志）（塚本靖）

① 又称神舆，为日本民间信仰活动或仪式中，供神祇乘坐以进行出巡、进香、绕境或降乩办事的祭祀用具。——译者注

② 《东洋》杂志，1906年8月15日创刊发行，1907年9月28日停刊。——译者注

图 749 花轿。原照片由塚本靖博士收藏。

广东韶州府衙门前的石狮

根据时代和地区的不同，中国的石狮存在无穷的变化，但图750中的石狮造型却仍然显得十分奇异。其手法脱离常规，乍看上去很愚拙，但其不拘一格的样式又有着独特的韵味。（关野贞）

图750 广东韶州府衙门前的石狮。伊东忠太博士拍摄。